無賴派文具

愛しき駄文具

讓你玩物喪志、永保青春

木建卓——著

藍嘉楹——譯

WILL RETURN

前言

文具分成實用和無賴兩種。

能在學習或工作派上用場，是實用的文具。

害人把玩到忘了時間，耽誤到工作，就是無賴的文具。

用來貼在參考書重點頁數上，是「便利」貼。

可是，讓人忍不住手癢一張接一張亂貼，

貼到搞不清楚哪裡才是重點，就是無賴的「不便利」貼（P14）。

出水順暢，書寫流利，是好用的原子筆。
雖然可以剪指甲，但是卻不好寫，就是無賴的原子筆（P107）。

能夠讓人在接電話的時候迅速記下重點，是方便的便條紙。
明明在講電話，卻害人忍不住沈迷釣魚遊戲，就是無賴的便條紙（P22）。

能夠讓人一眼量出正確長度，是有用的尺。
雖然長度正確，測量的範圍卻只有1cm，就是無賴的尺（P64）。

這些設計超瞎，難用得要命，但是——很有趣。
接下來，請各位慢慢欣賞各種無賴派文具吧！

目錄

START

Who Get Mail ?

〔air mail 便條台　air mail メモパッド〕

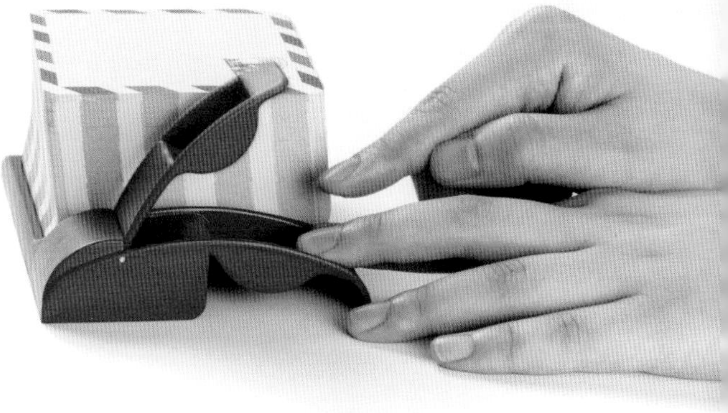

這是一台搭載郵件傳送功能的便條台。寫好留言，把便條紙揉成一團，放進把手的凹槽，就準備完成。靠著彈簧的彈力，送信距離居然可以遠達兩公尺。以這種傳送方式而言，可以準確傳送到隔壁或對面位置的機率是五五波。所以到底會送向何方，恐怕只有天知道……。如果用便條紙把糖果包起來，不單能延長傳送距離，也能夠實現電子郵件辦不到的「味覺傳送」。由此觀點來看，簡直是比數位技術還要先進的夢幻傳輸機。

當山寨芭比遇見本尊

〔芭比原子筆　バービーペン〕

左邊是美國美泰兒公司出品的正版「Barbie」原子筆。另一邊是擺在中國上海路邊小攤，包裝紙箱上還潦草地寫著「芭比原子筆」的原子筆。雖說這兩支筆的存在都是可有可無，但是當山寨遇見本尊，總有幾分情何以堪的感覺。而且兩者的品質差異不是普通的大，尤其是臉部和頭髮的精緻度，誇張的是山寨版背後露很大的性感洋裝，作工粗糙，好像小朋友的美勞課作品，用布隨便縫一縫就了事的程度。只能說，上海的芭比小姐實在太豪放了。

感受加油打氣的喜悅

〔化身為便條紙的啦啦隊　ふせんするサポーター〕

*化身為便條紙的啦啦隊。

正如其名，這是附帶便條紙功能的啦啦隊。每讀完一頁教科書就貼一張，讀得愈久，啦啦隊的人數也會愈多。讀完一整本，就能收穫一團聲勢浩大的啦啦隊囉！這股「有人為自己加油打氣的感覺」，實在讓人欲罷不能。不過，要是太過沉迷這種感覺，可能連還沒讀的頁數都會想要貼，到最後都搞不清楚究竟讀到哪一頁了！為了避免這種混亂情形產生，請大家使用時一定要恪守運動家精神喔。

我還沒吃完

〔venture 9〕

刀叉重疊，在用餐禮儀中表示「我還在用餐，還沒吃完」。不過，這兩支重疊的刀叉，細看之下卻覺得有點不對勁。握把的部份怎麼看起來和剪刀一模一樣。其實，這是一把超級方便的剪刀，扭開中間的鎖扣，可以瞬間分解為刀子和叉子。如果帶便當或外出露營忘記帶筷子，帶著這把多功能剪刀就不必擔心了。只不過拿出來使用的時候，周圍的人都會對你行注目禮……。話說回來，這把剪刀既然名叫「Venture 9」，應該還有其他6種功能。但沒有說明書，想破頭還是猜不出來。

造型平光眼鏡

〔眼鏡便條紙　めがねふせん〕

這是每一片都和實物同等大小的眼鏡造型便條紙。做得很逼真，和演話劇用的道具幾可亂真。當然，它和真的眼鏡一樣，要戴也不是問題。拿到這樣的便條紙，相信沒有人可以忍得住在上頭畫眼睛的慾望吧。例如迷人的大眼睛、睡眼惺忪的眼睛、笑咪咪的眼睛、哭泣的眼睛等。或者，漸進地改變每個表情，畫成生動的翻頁漫畫好像也挺有趣。這組便條紙很難發揮留言或做記號等正常功能，純粹是拿來浪費的。

連貓手都想借

〔貓掌不求人原子筆　猫にゃん孫の手ペン〕

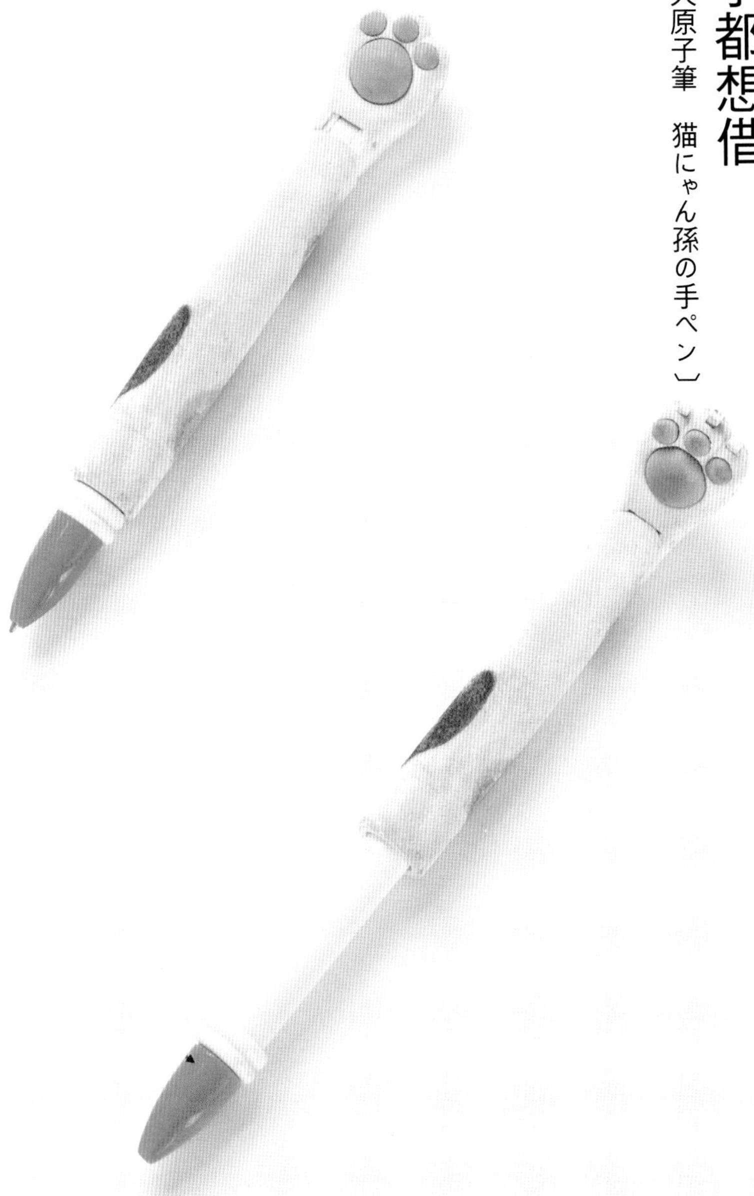

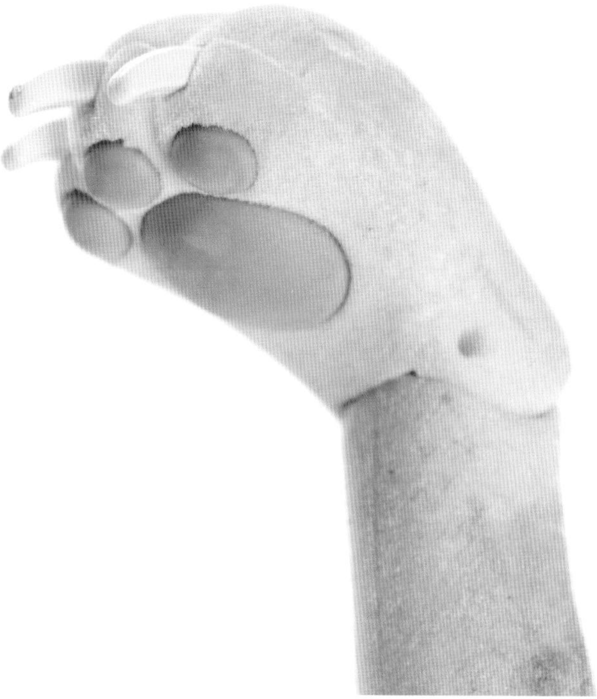

在忙到「連貓手都想借（日本俗語，比喻忙得不可開交）」的情況下，卻又突然想搔癢，這時候該怎麼辦？這支可以自己動手的貓掌造型不求人原子筆就是你的救星。整支筆的玄機在於，筆身一拉長，手就會伸出銳利的爪子。貓掌的彈性恰到好處，拿來敲打肩膀也合適。可惜的是，產品的完成度雖高，但終究只是支筆，長度半長不短，以不求人的尺寸而言完全不夠，而且捶肩膀的力道也太輕了。但是，人家只是隻貓，要它像真正的孫子一樣貼心地為自己搥背，未免太強人所難啦。

漂泊人之湖

〔desktop fishing〕

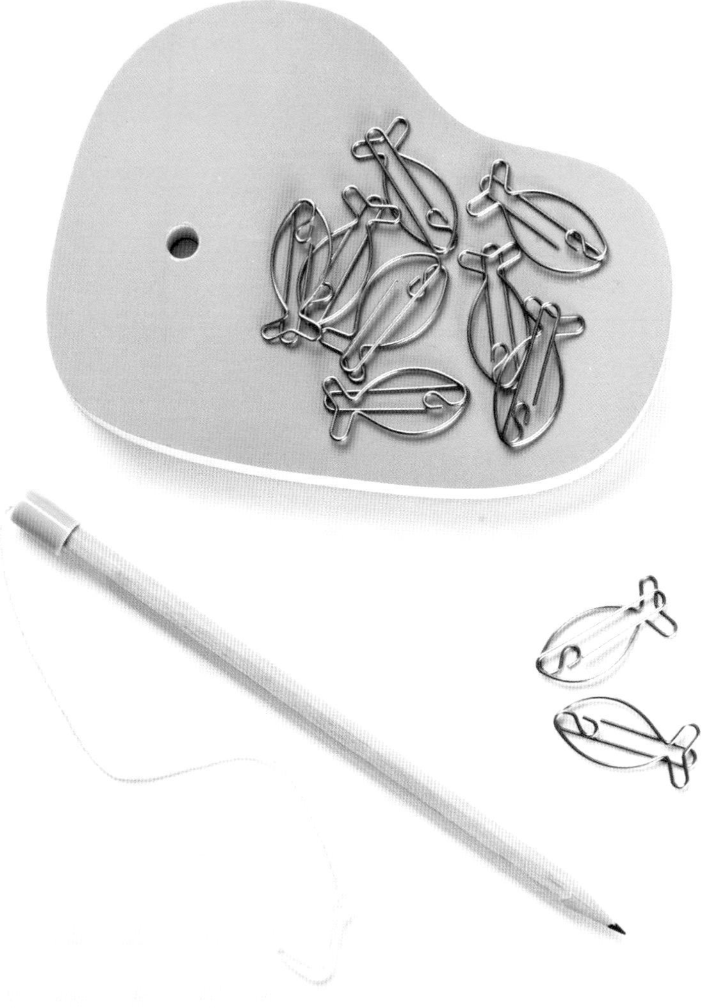

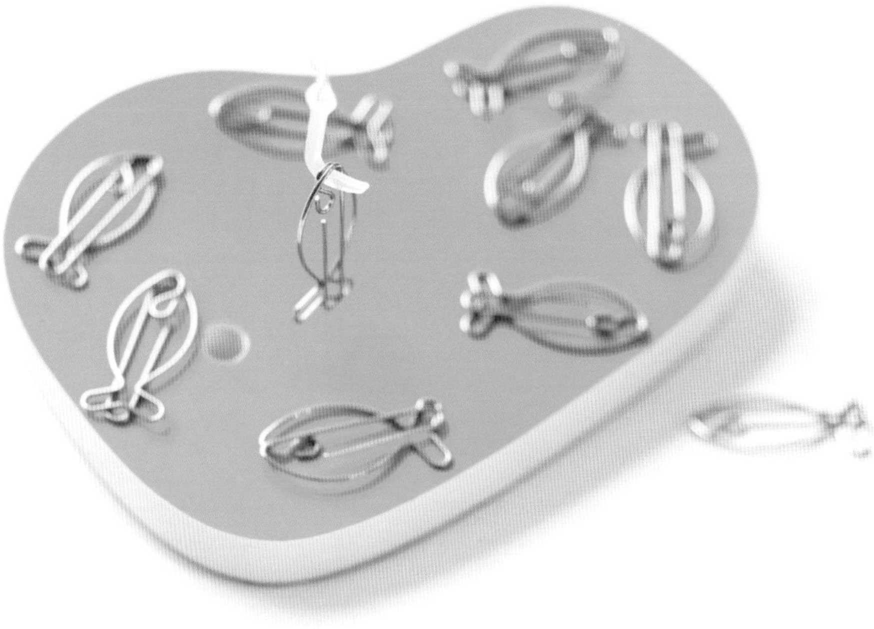

這個池塘造型的留言板組合，配件包括魚形迴紋針，以及附帶魚鉤和釣魚線的鉛筆。玩法是用魚勾釣起散落在留言板上的魚形迴紋針，就像一般的釣魚遊戲。利用工作的空檔，在桌上享受垂釣之樂，感覺頗為風雅，因此忍不住主動邀請辦公室的長輩們一起同樂，玩著玩著彼此熟稔到可以用「老徐」「小張」互稱；但沒想到幾輪攻防戰之後，自己居然「釣到」公司的社長……沉迷於桌上版《釣魚笨蛋日記》（日本代表性釣魚漫畫作品）的同時，下午的工作也要努力唷。

進化的橡皮擦

〔evolution eraser〕

從人類的始祖——南方古猿，進化到現代人類，費時約四百萬年。用橡皮擦來濃縮這麼一段漫長的歲月，厚度僅有6cm，比想像中短小迷你。削成薄片再貼在紙上，就可以完成「人類的進化圖」，感覺很有趣。順帶一提，這塊橡皮擦的品名是「進化的橡皮擦」，但是功能上並無特別進化，不會擦得比較乾淨，反而變得更難擦，以橡皮擦而言，應該算是退化吧。

愛與哀愁

{sharp-end cat}

黑貓造型的削鉛筆器，看起來很可愛。唯一的插筆孔在後面，所以每次要削鉛筆，就得把筆插進尾巴翹得老高的貓屁股。插入時，貓咪會發出「喵嗚喵嗚」的聲音，聽起來很淒厲，滿腹心酸。使人罪惡感爆表，常常一把筆插進去，就因為不忍心而立刻拔出來，結果連一根鉛筆也削不成。另外值得一提的是，這個削鉛筆器的外包裝還加註「製作本產品，沒有對活生生的貓咪造成任何危害」這段謎樣文字。這到底是什麼意思呢，真搞不懂。

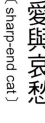

連接紅線的浪漫

〔赤緣筆〕

這支紅色鉛筆，由締結良緣聞名的日本崎玉縣川越冰川神社所出品。筆蓋和筆身各畫著男孩和女孩，兩人的小拇指各自綁在一條紅線的兩端。設計的出發點非常浪漫，因為筆愈削愈短，兩人的距離就會愈來愈近。如果想提高覓得良緣的機會，光是求神拜佛還不夠，搭配使用這支筆，記錄瘦身計畫或聯誼行程，效果應該更好。只是要注意的是，千萬別把筆套弄丟了，不然就只能與曖昧對象大嘆無緣，永遠莎喲娜啦了。

命案現場在桌上
〔deaded pen holder〕

深夜時分，你回家時發現有一個男人橫躺在桌上，躡手躡腳走上前去查看，發現居然是一宗謀殺案！被刺的男人冷不防地發出慘叫，只留下一句「兇手是……是筆」，就沒有再開口了。在馬達的驅使下，雙腿吧嗞吧嗞地不斷抽搐，直到關上開關——原來這是個筆架。產品是美國製，全程以英語發音，對小細節也相當講究，甚至到了過頭的程度。例如當筆插進去時，瀕死掙扎的慘叫聲模式居然高達6種，手腳痙攣的模式也各不相同。總之，把它擺在桌上，使桌子隨時都可能成為命案現場。

請賜我一雙翅膀

〔竹蜻蜓鉛筆 byuun〕

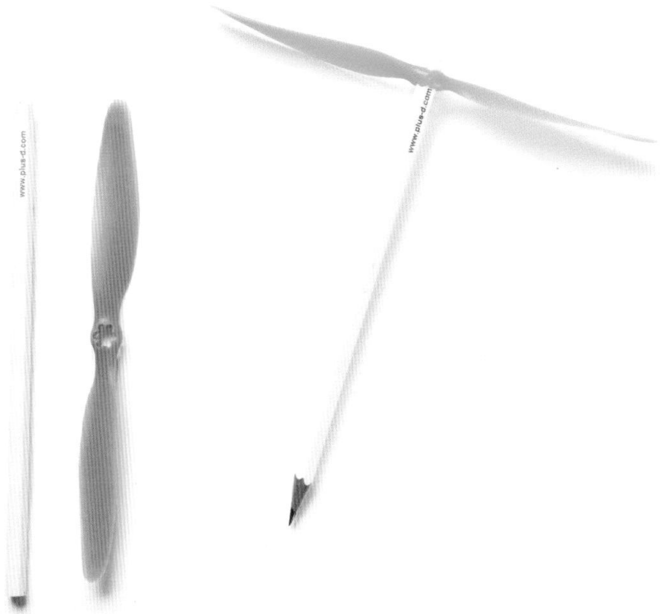

發明全世界第一台飛機的奧維爾・萊特過世時，首度登陸月球的太空人——尼爾・阿姆斯壯已經17歲了。人類擁有能夠翱翔天際，探索宇宙的能力，在歷史洪流之中，不過是短短一瞬。話說回來，照片中的鉛筆附帶矽膠材質的翅膀。照理說，只要雙手夾住插上羽毛的鉛筆用力一轉，就會像竹蜻蜓一樣飛上天，可惜重量過重，一下子就墜機。由此看來，在文具當中，天空似乎還是尚未開發的領域呢。

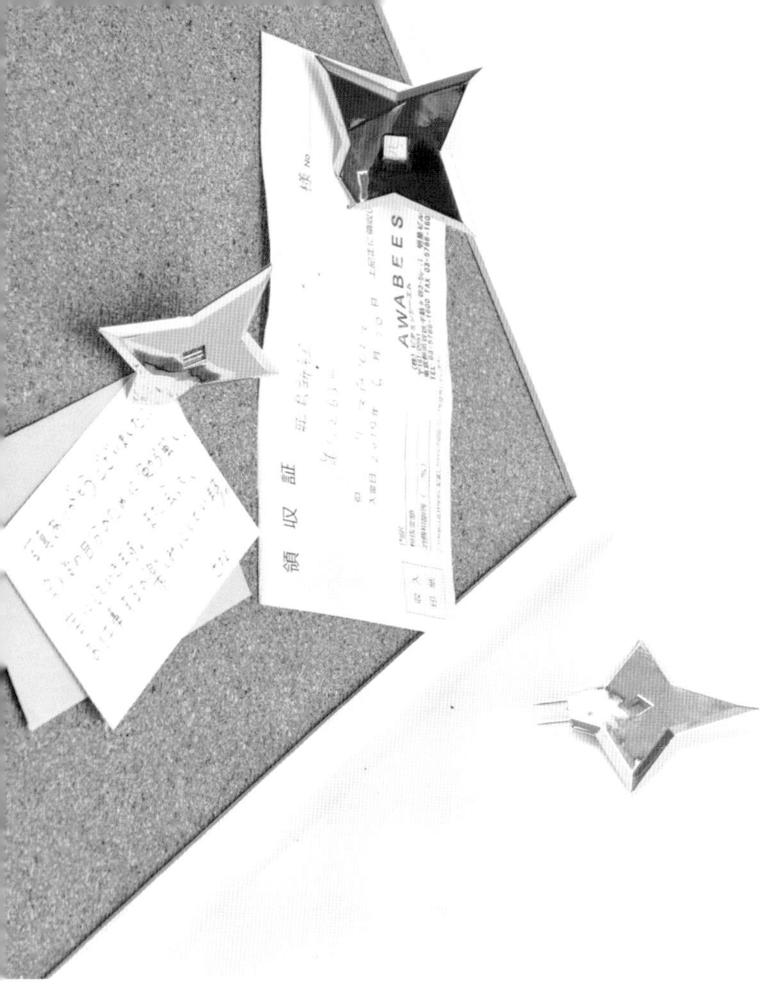

最後通牒

〔手裏劍大頭針　手裏剣ピン〕

這款造型特殊的大頭針，讓公布欄看起來好像遭到手裏劍（飛鏢）的毒手。若在公司內部想要傳送某些「特殊留言」，效果應該不錯。例如公布人事異動時，如果用這款大頭針把「降級處分」釘在公布欄上，如何？或者是讓某位仁兄發現，明明已經交給會計的收據或發票，卻被釘在自己座位的留言板上。應該可以發揮讓人洗心革面，改掉不良習慣的效果吧。總之，這款隱含「最後通牒」意味的暗示性小道具，或許和恐嚇信有異曲同工之妙。

來自小動物的可愛請求

〔Kamiterior　ku‧ru‧ru　カミテリア　ku‧ru‧ru〕

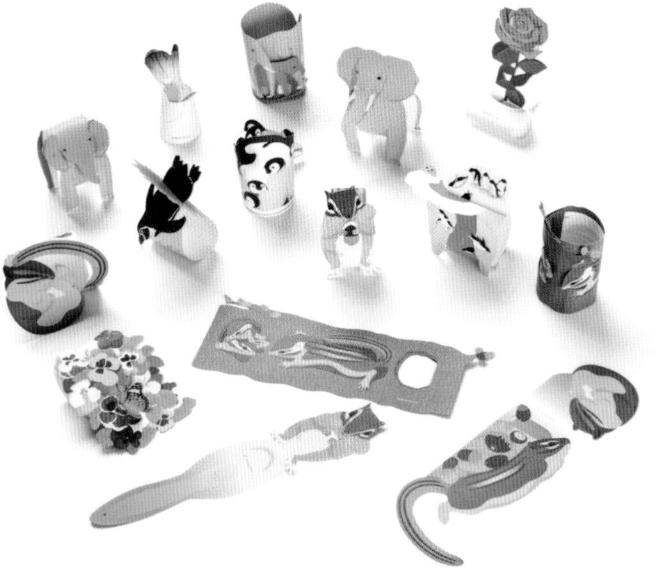

把細長的紙條捲成圓筒狀，平凡的紙張立刻化身為可愛動物造型的3D便條紙。留言被包在裡面滴水不漏，沒有被偷看的疑慮，稱得上是實用兼具美觀的機能型便條紙。如果在桌上看到這樣的便條紙，對方應該會很開心。不過，要是看到一隻松鼠窩在堆積如山的文件堆，打開一看，發現赫然寫著「今天晚上以前要把這些文件整理好」，來自可愛動物的請求，好像會變調，成為恐嚇信。

變裝鉛筆

{mustache pencils}

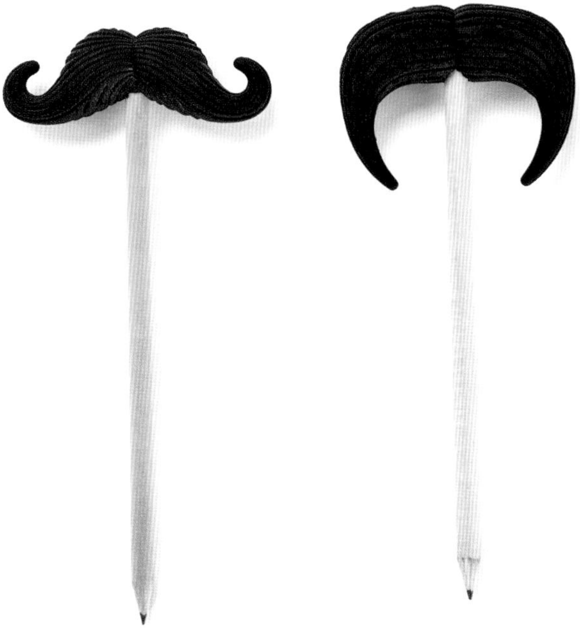

假設你知道一個足以讓世界天翻地覆的秘密。因此，自然有想要得知這個祕密的壞人盯上你。為了保命，你只能亡命天涯。而你的行李只有裝在包包裡的鉛筆盒，情勢真是糟透了！但是，敵人已經緊追在後，眼看就要逮到你。在這種十萬火急的情況下，你趕緊從鉛筆盒裡掏出這支鉛筆，放在鼻子下方。「有沒有看到誰逃到這裡來！」「沒有哇，我什麼人都沒看到。」「可惡，我往那邊找找看！」原來一支附帶橡皮擦的鉛筆，也可能瞬間化為拯救世界的秘密武器。

阿~嘶~膠帶！

（膠帶男　テープマン）

這是日本Nichiban公司在1988年，為了慶祝透明膠帶發售40周年所推出的紀念膠帶台，堪稱夢幻逸品。主題是慶祝透明膠帶發售40周年，和用力握拳有何關聯，實在讓人一頭霧水。大概只是因為握拳時常會發出的吆喝聲「阿~嘶」，和「撕」膠帶有諧音吧。另外還有一項令人費解的機關，每當膠帶被切斷，就會播放「透明~膠帶」的叫聲。老實說，聲音聽起來感覺很熱。總覺得膠帶像是被汗水弄得黏答答的樣子，難道只是我的錯覺？

以下，省略

〔動物原子筆　アニマルペン〕

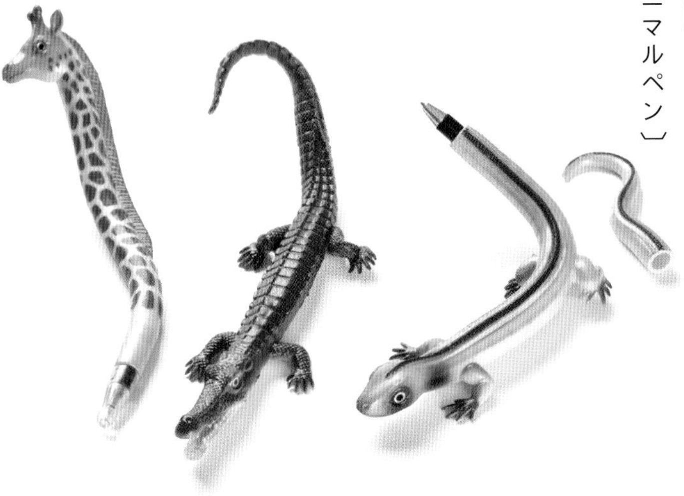

雖然每支筆都系出同門，一款是材質光滑，充分展現爬蟲類特徵的原子筆；另一款的長頸鹿原子筆，卻從脖子以下就省略了。筆身採扭曲式構造，可以任意擺出各種姿勢。鱷魚和蜥蜴倒沒有這個問題，長頸鹿可就尷尬了。扭成一團隨便一放，看起來很像被施以扭斷脖子的酷刑。擺在桌上，怎麼看都不討喜。不過，既然買了就要好好照顧，可不要隨便棄養啊！

美式風格大尺寸

〔熱狗收納包　ホットドッグポーチ〕

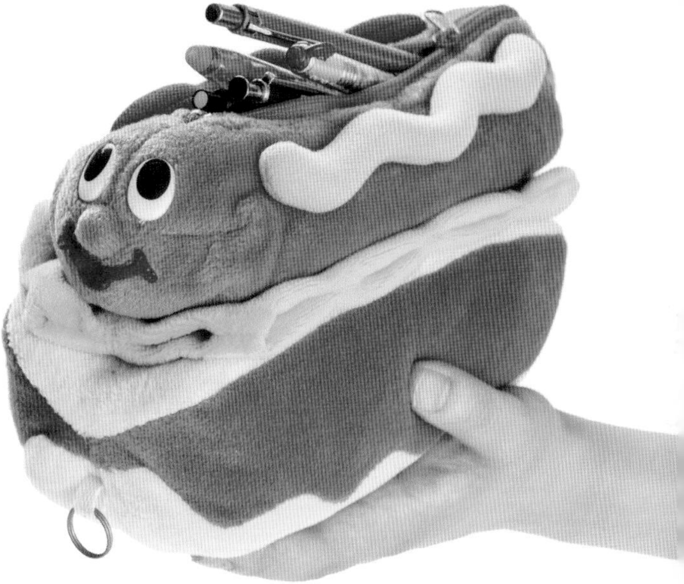

超大尺寸將美式風格表現得一覽無遺，讓人無話可說。奇怪的是，前端的布偶五官卻做得相當立體。這個洋溢著美式精神的大亨堡，表面上的用途是筆袋，不過真正能收納筆的空間，只有熱狗的部份。剩下的超大份量麵包，純粹是裝飾用的絨毛玩具。這個徒佔空間的大麵包，很難放進包包帶著走。但就是這份外觀和用途的落差，讓人回味古早的美式風情，忍不住發出會心的一笑。

裁斷的巨人

〔巨大剪刀　巨大はさみ〕

有這把超高性能的剪刀在手，喀嚓一刀，一張A4紙立刻被剪成兩半，連紙箱也難不倒它。只可惜因為尺寸超大，一般人絕對沒辦法單手使用這把全長65公分的龐然大物。我們平常使用的剪刀大約是18公分，所以照這個比例簡單計算，大概只有身高超過6公尺的巨人，才能輕鬆自如地使用。刀刃長達30公分以上，如果帶出去走在路上，恐怕會違反刀械管制法。不過，身高超過6公尺的巨人要突破警察包圍，應該只是小菜一碟吧。

刺激食慾的便條紙

{potato chips memo}

拆開看似洋芋片的包裝袋，從裡面拿出一片片完整或缺損不一的洋芋片，說錯了，是做得和洋芋片幾可亂真的便條紙。更誇張的是，包裝袋裡連乾燥劑都一應俱全，可別小看這款乾燥劑，它真正的作用是提供薯條氣味的「香包」，讓每一片便條紙，聞起來都有一股淡淡的油耗味。也因為如此，當你正打算掏出一張便條紙來記事情，卻可能在打開袋子的瞬間，被香味誘惑，肚子也跟著咕嚕作響。結論是，這款便條紙，不適合出現在深夜加班的辦公桌上。

ニチバン株式会社

DA

專欄①

磁鐵狂熱迷之家

筆者找了和自己一樣身為文具迷的朋友來參加這個單元，透過訪問，和他們聊聊收集文具的甘苦。第一位登場的是磁鐵狂熱迷的Magster小姐。

木建卓（以下簡稱卓） 我事先是有拜託Mag小姐「請妳把最珍藏的寶貝帶來吧」沒錯啦，沒想到妳居然帶了這麼多來（笑）。

Magster（以下簡稱M） 我好像太誇張了（笑）。

卓 Mag小姐收藏的磁鐵，是吸在白板或冰箱上，用來固定便條紙的磁鐵。不過，我們一般人實在很難想像，一個小小的磁鐵，種類居然有這麼多。首先我想請問妳，妳是在什麼樣的因緣際會之下，開始收藏磁鐵呢？

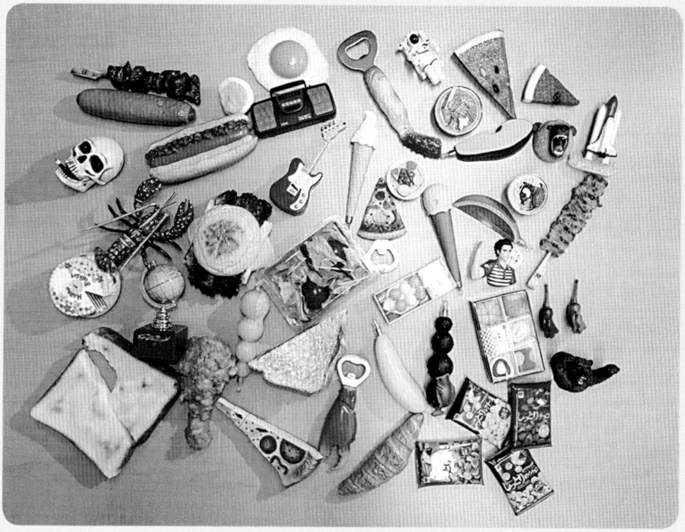

這只是收藏品的一小部分。種類包羅萬象，讓人不禁懷疑：是不是所有的東西都可以做成磁鐵？

M 在我小時候就和磁鐵結下不解之緣了。那時候，我奶奶家的冰箱上貼有蔬菜造型的磁鐵，在當時相當少見。奶奶很喜歡美式生活雜貨，那些磁鐵是她去夏威夷旅行時買的。我本來就很喜歡餐廳的食物模型之類作工細緻的小玩意，但沒想到有人會買回來貼在家裡，而且還隨意貼在廚房的冰箱上，所以看了很吃驚。我想當時的衝擊，就是我對磁鐵產生興趣的契機。那時開始，我每次去奶奶家，一定急著走到冰箱前，盯著那些蔬菜磁鐵看半天。一過二十幾年。奶奶去世的時候，親戚都說「妳很喜歡這些磁鐵吧」，所以就讓我收下了。

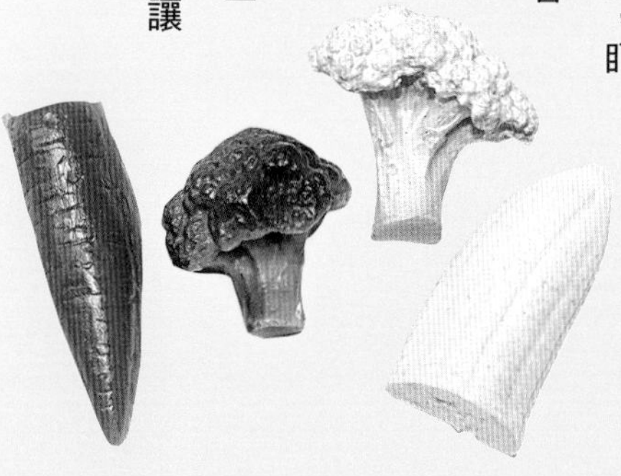

奶奶遺留下來的磁鐵，讓Mag小姐燃起她的磁鐵魂。

以廁所為主題的磁鐵，每一個的製造廠商都不一樣。

卓 那算是奶奶的遺產吧！

M 對呀，我等於是繼承了奶奶的遺產（笑）。那個時候，我早就陷入磁鐵的世界，已經收集一堆，所以奶奶的磁鐵也被我當作寶貝的收藏之一。

卓 聽起來真是一段佳話呢。那麼，請問妳手邊目前有多少磁鐵呢？

M 哎呀，數量多到數都數不清了。只算個大概，應該差不多有五千個吧。我家都是用裝衣服的收納箱來裝磁鐵，但請不要問我到底有幾個收納箱（笑）。

卓 說到大量收藏磁鐵的空間，以日本而言，一般會想到磁浮列車的研究機構，或者磁鐵礦蘊藏量豐富，位於富士的青木原樹海。妳有沒有因為家裡的磁力太強，造成什麼樣的困擾呢？

M 這個嘛，只要我在房間打開智慧型手機的指南針，一定會出現錯誤訊息「請遠離造成電子羅盤失效的物品」。還有就是，如果不小心把信用卡或存摺放在磁鐵附近，裡面的資料都會失效。但也不是毫無優點，起碼靠近窗邊的收納箱，拜磁鐵所賜，都不會有鴿子靠近。

卓 我以前見過Mag小姐的媽媽，氣質相當優雅，說話也很風趣。我還記得她曾經對我說「謝謝你平常對我女兒的照顧。我這個女兒，整個人都被磁鐵吸住了，呵呵呵」（笑）。你真的有一個好媽媽呢！

M 我媽即使會講這種話損我，出門的時候看到磁鐵，還是會買回來送我。有這樣的媽媽，真的是我的福氣。

美國製。做得相當逼真的透視模型式磁鐵，連污垢也真實呈現。

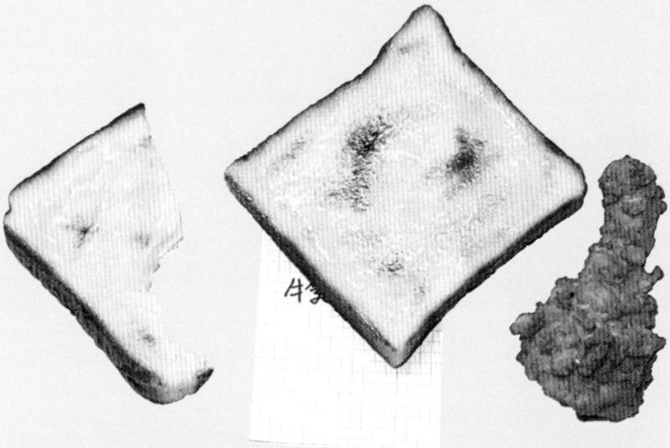
尺寸和實品同等大小的吐司和炸雞磁鐵。雖然做得和實品一模一樣，但不知道做成這麼大的磁鐵有什麼意義。

卓　那麼主題回到磁鐵，請問妳都在哪些地方購買磁鐵呢？

M　大部分都是在生活雜貨店。只要經過大型的生活雜貨專賣店或書店附設的生活雜貨連鎖店，我一定走進去晃晃。另外，因為我很喜歡食品模型磁鐵，所以我也會去東京合羽橋道具街的食品模型店尋寶。對了，晴空塔現在也有食品模型店進駐，讓我也可以去那裡找找附帶磁鐵的食物模型。不過，有些食品模型磁鐵做得和實品一樣大小，因為太大了，貼在冰箱上會掉下來，或者留言都被磁鐵本身

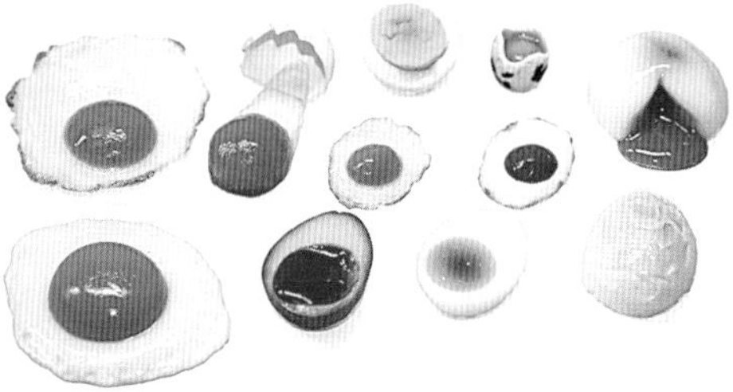

各家廠商推出的蛋造型磁鐵。據說從蛋和蝦子壽司的做工，可以看出每一間廠商製作功力的高低。

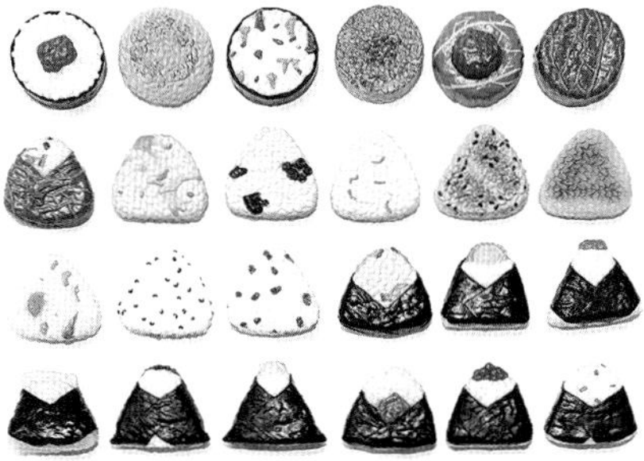

這些飯糰磁鐵都是保特瓶茶飲的贈品。

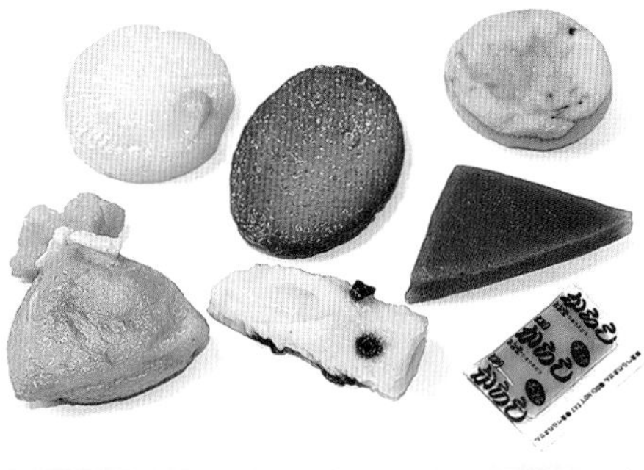

關東煮類的磁鐵，以及另一家廠商製作的芥末醬磁鐵。

蓋住，看不清楚。但是這種「大而無當」的感覺反而讓我愛不釋手，覺得好可愛。

卓 也有些磁鐵非常小巧可愛，例如LC鍋和飯糰就做得好可愛。

M 小磁鐵大部分都是我在便利商店找到的。有些保特瓶飲料在促銷的時候會送贈品，所以我也會很勤快的到各大超商「巡邏」。不過，贈品類的磁鐵種類實在太多，有時我乾脆上網一次買齊。可是，有些磁鐵光是一次大量購買還不算完成收集。例如這些關東煮磁鐵。雖然都是同一家磁鐵廠商的產品，但如果想要讓收藏更加完整，就會覺得「只有這樣還不夠」。

卓 會嗎？這樣不是已經很豐富了嗎？哪會不夠啦！

M 也是啦。但是過了一陣子，會發現其他廠商又推出新的磁鐵……

卓 啊，妳是說這個芥末醬磁鐵！

M 你看，是不是有了這個磁鐵，才有一種「整份關東煮完整了」的感覺！我自己從其他系列拿幾樣東拼西湊，讓整套磁鐵變得更豐富，正是磁鐵收藏的最大樂趣。其實這個廁所系列的捲筒衛生紙磁鐵也是另一個廠商做的……（滔滔不絕地聊起磁鐵經）

遙遠的射門

〔play more notepad〕

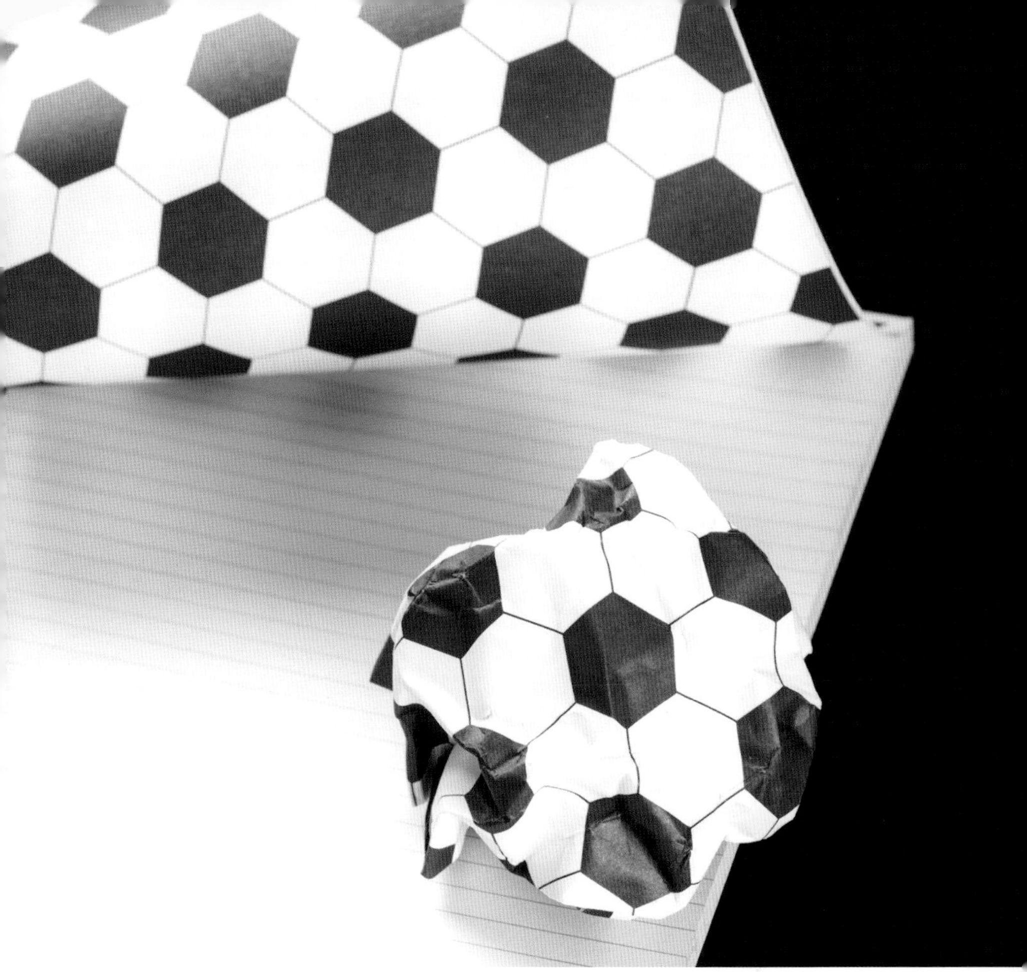

乍看之下只是平凡無奇的筆記本。翻開一看，內頁好像印了什麼圖案。結果，愈寫愈不滿意，索性揉成一團打算扔掉，這時才發現「咦？怎麼變成一顆足球！」於是，垃圾桶馬上化身為球門，一場PK火熱登場。幾個回合挑戰下來，變得愈來愈帶勁，恨不得能多寫壞幾頁，這下子可就本末倒置。這麼危險的筆記本，打開前可要想清楚喔。順帶一提，這個系列也有推出棒球和籃球圖案，投其所好，讓大家的射門有多種選擇。

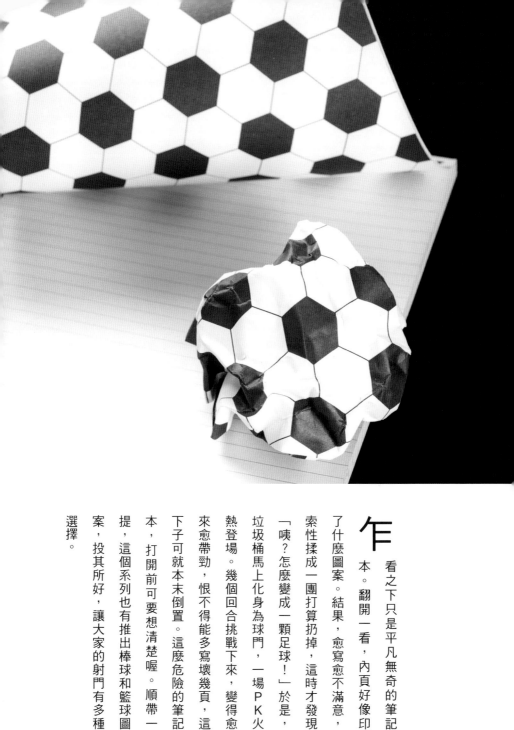

食筆獸

〔削鉛筆機　クッチャーズ〕

啃得動堅硬竹葉的熊貓，聽說下顎的力道強勁，和豹不分上下。照片中的熊貓啃的不是一般的主食——竹葉，而是鉛筆，吃飯順便會幫忙把鉛筆削好。只需要將鉛筆塞進它小巧可愛的嘴巴，轉動把手，熊貓便開始咀嚼，把鉛筆削得又尖又細。單看它嘴巴的動作，與其說它是熊貓，反倒更像是嚼著菸草的大聯盟球員。或者說，在這位老兄身上，熊貓的暖男形象已經蕩然無存，因為它根本是一隻專吃鉛筆的怪獸嘛。

成為哲學家只需要一張紙

〔哲理便條紙　哲学のふせん〕

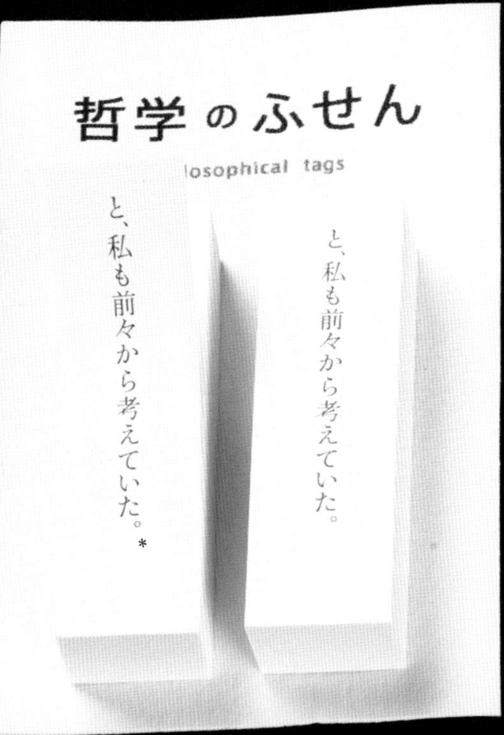
哲学のふせん
losophical tags
と、私も前々から考えていた。*
と、私も前々から考えていた。

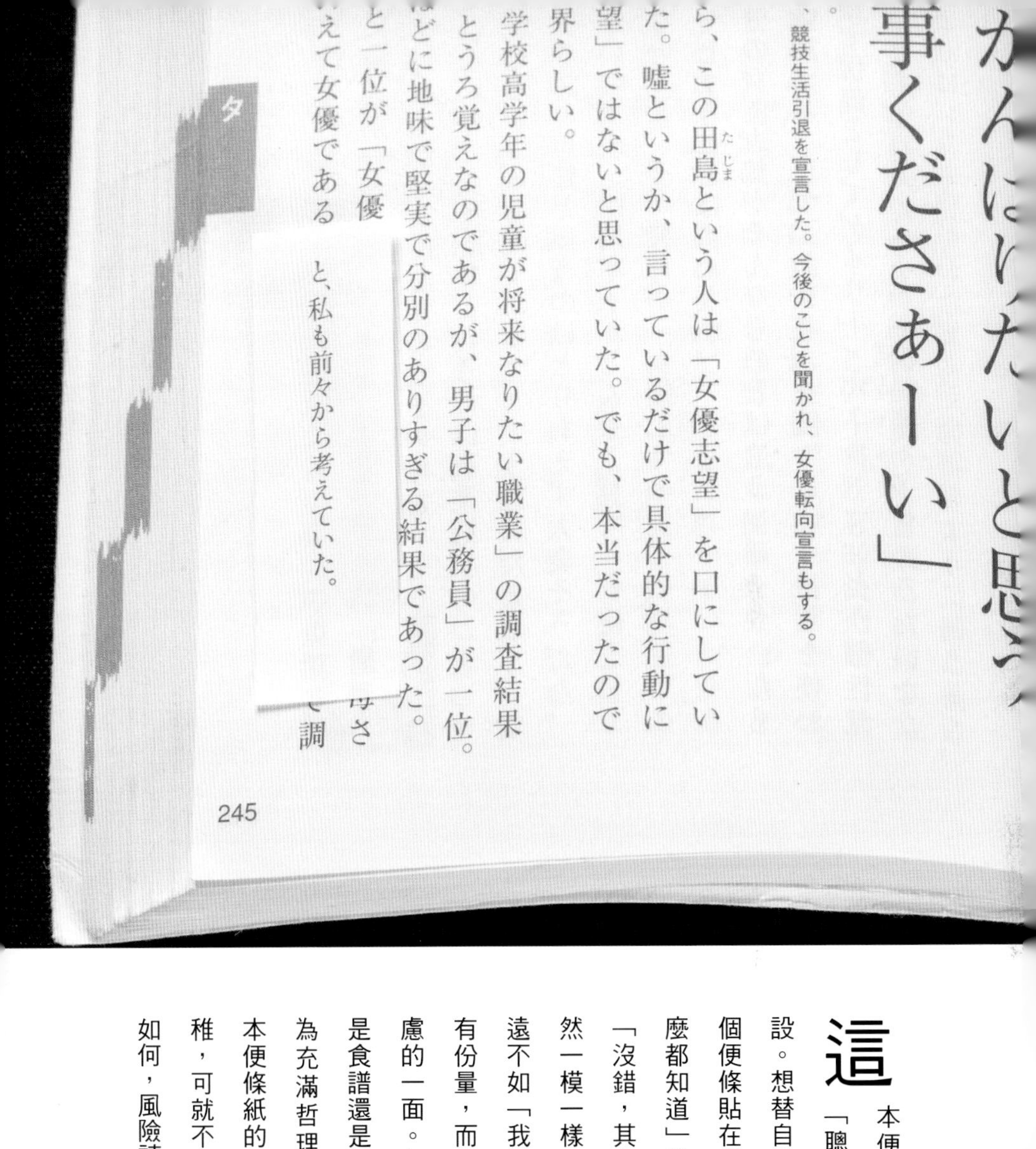
かんにたいと思
事くださぁーい」
、競技生活引退を宣言した。今後のことを聞かれ、女優転向宣言もする。
ら、この田島という人は「女優志望」を口にしてい
た。嘘というか、言っているだけで具体的な行動に
望」ではないと思っていた。でも、本当だったので
界らしい。
学校高学年の児童が将来なりたい職業」の調査結果
とうろ覚えなのであるが、男子は「公務員」が一位。
どに地味で堅実で分別のありすぎる結果であった。
と一位が「女優
えて女優である
と、私も前々から考えていた。
タ
245

這本便條紙的出發點，建立在「聰明的男性較受歡迎」的假設。想替自己打廣告的人，不妨把這個便條貼在書上，替自己營造「我什麼都知道」的形象。意思和放馬後砲「沒錯，其實我老早就這麼覺得」雖然一模一樣，但是這麼講過於直白，遠不如「我以前就這麼想了」這一句有份量，而且還能表現出自己深思熟慮的一面。如果貼在句尾，管它內容是食譜還是減肥書籍，馬上就能提升為充滿哲理的大作。不過，使用這本便條紙的行為，看起來是不是很幼稚，可就不在本文的討論範圍。無論如何，風險請自行承擔。

整張書桌
都是我的塗鴉冊

〔school desk rakugaki-cho〕

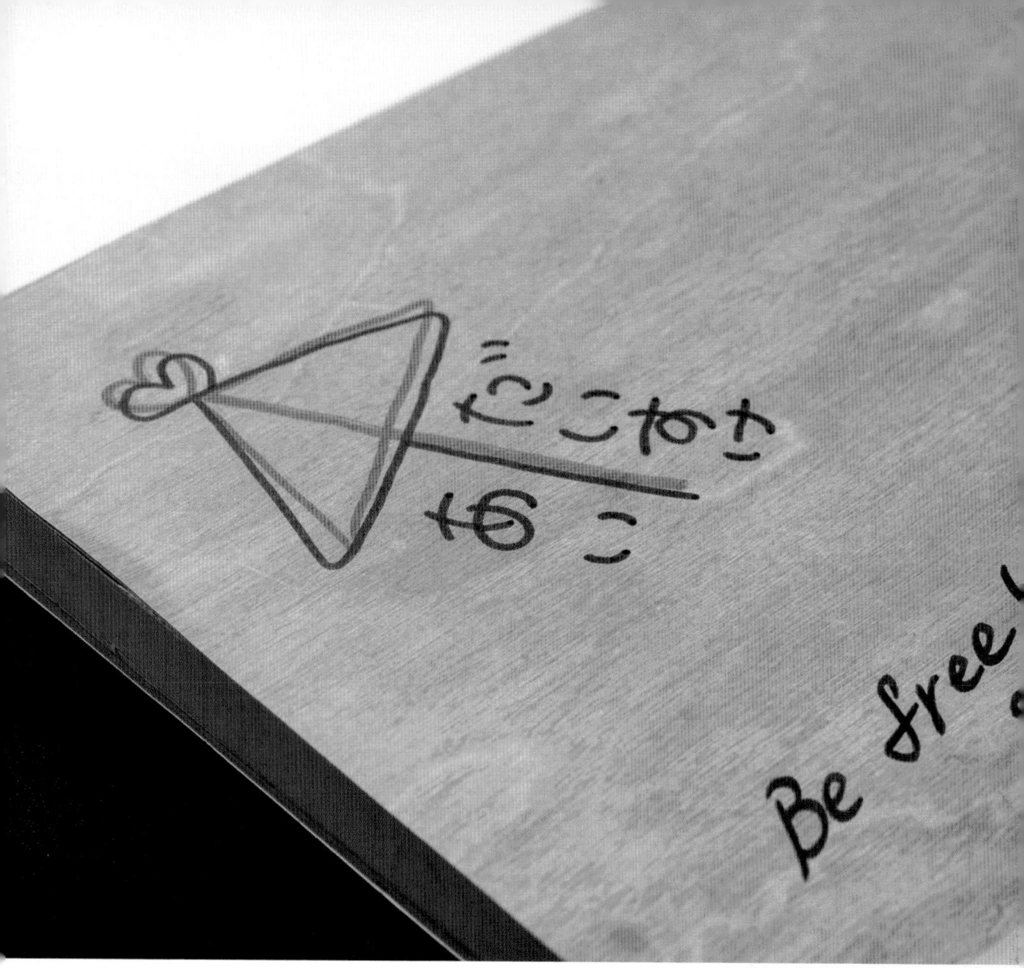

這本塗鴉冊的封面，忠實地再現大家小時候在學校桌面盡情塗鴉的情景。一本在手，應該能夠在構思企劃案等需要腦力激盪的時候，宛如重回不受任何限制、可以盡情揮灑的童年時代，進而摩擦出許多創意火花。但材質畢竟是紙，所以請放棄用美工刀刻圖案，或者挖個小洞，塞入橡皮擦屑等其他念頭。另外，如果畫得太過入迷，筆下很可能會不自覺出現老闆的人像素描，或者是心儀對象的名字縮寫，請務必謹慎使用。

豆腐東西軍

〔豆腐一丁便條紙　豆腐一丁ふせん〕

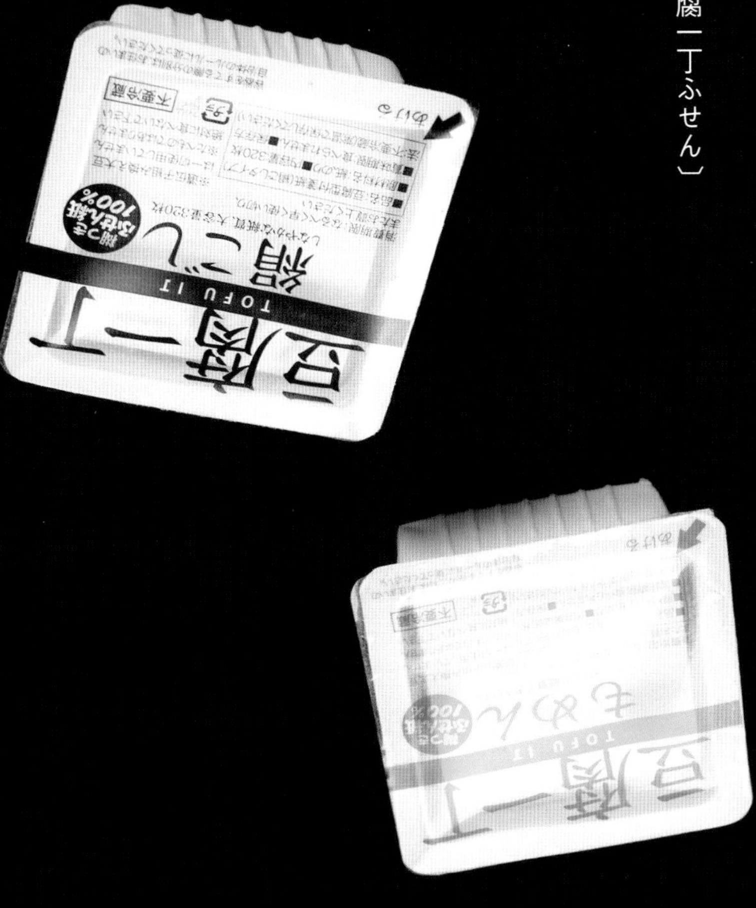

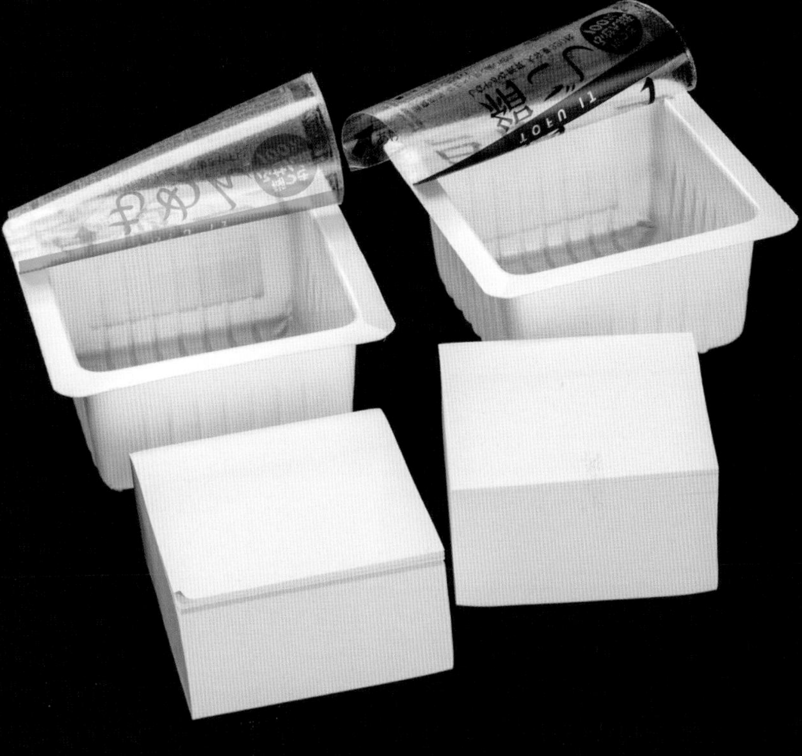

這是外包裝很像豆腐，打開也很像豆腐的便條紙。說實話，不論橫看、豎看，不就是單純的四方形白色便條紙嗎？覺得自己被耍的人，請稍安勿躁。請你把臉貼近一點，將表面看個清楚。「絹豆腐便條紙」的紙質光滑細緻，而「木棉豆腐便條紙」的紙質摸起來比較粗糙。怎麼樣，被打敗了吧？想不到有人把對品質的講究發揮在如此無用之處。因為紙質改變而受惠的人，想必是打著燈籠也找不到吧。但是對創造豆腐便條紙的設計師而言，還是不能對品質妥協。請大家務必好好品味豆腐師傅的用心良苦。

黑暗中的通信方式

〔凱蒂貓發光筆　キティライトペン〕

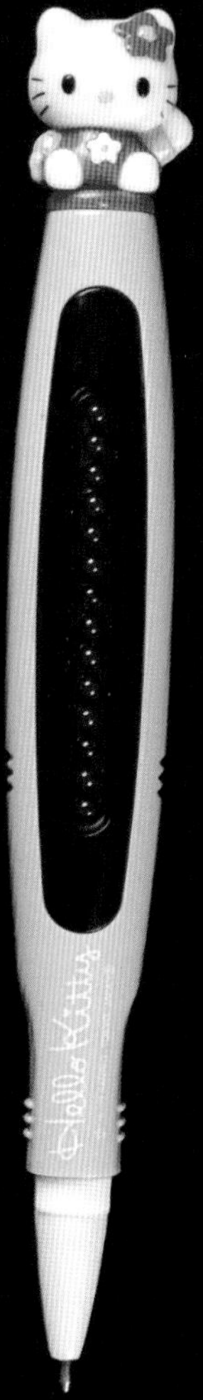

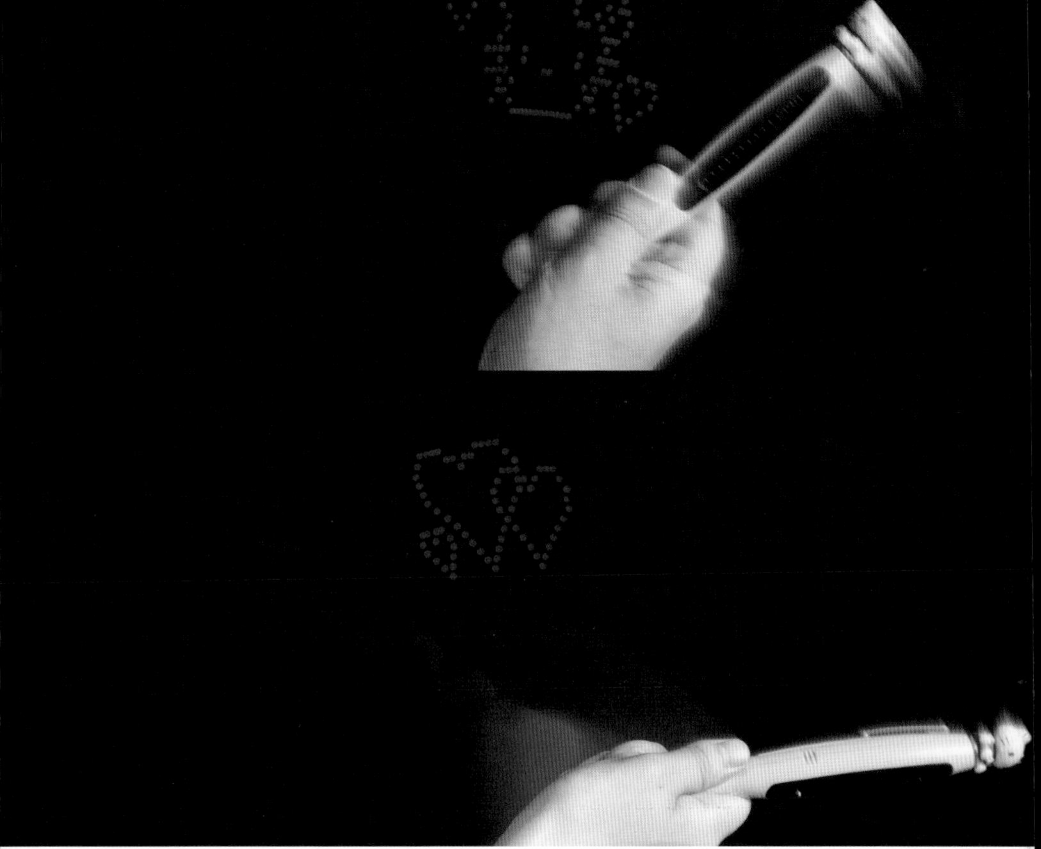

已停止銷售

快速左右搖晃，凱蒂貓的臉便會在黑暗中浮現。這是一支利用LED閃爍殘影，以顯示圖案或訊息的原子筆。另外還可以在空中顯示愛心符號和「HELLO」。不過話說回來，這些圖案或訊息，到底是要傳給誰呢？如果是筆的主人拿來傳給自己也有點奇怪。心裡猛然出現大膽的猜測：難道這是凱蒂貓為了和外星人互通消息的道具嗎？那、那我們用了這支筆，不就讓她稱心如意了嗎？

秘密的樂趣

{i-Marker T-Shirt}

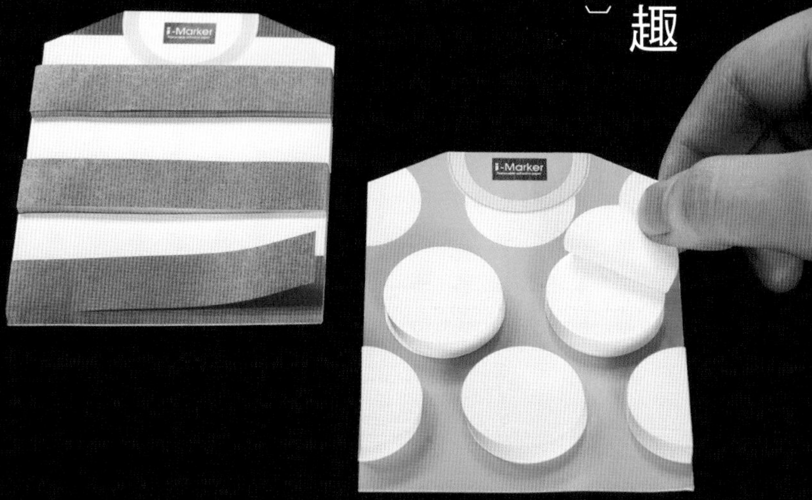

這是條紋和圓點圖案的時髦便利貼。單獨撕下來，只是一般的長方形和圓形，並無特別之處。但如果和底下襯紙合體，看起來就像條紋衫和圓點衫。在公司用起來也不突兀，所以參加無聊的會議時，可以拿出來東貼西貼，一個人自嗨「你們都不知道，其實這是襯衫的圖案」。或者搭配不同顏色的條紋，大玩配色遊戲。雖然希望廠商也推出變形蟲或花朵圖案，但種類太多，工作起來好像會分心。總之，這幾款便利貼，在嚴肅的職場中，應該可以當作不為人知的秘密樂趣。

解體秀

〔立體海豚拼圖筆　立体ドルフィンパズルペン〕

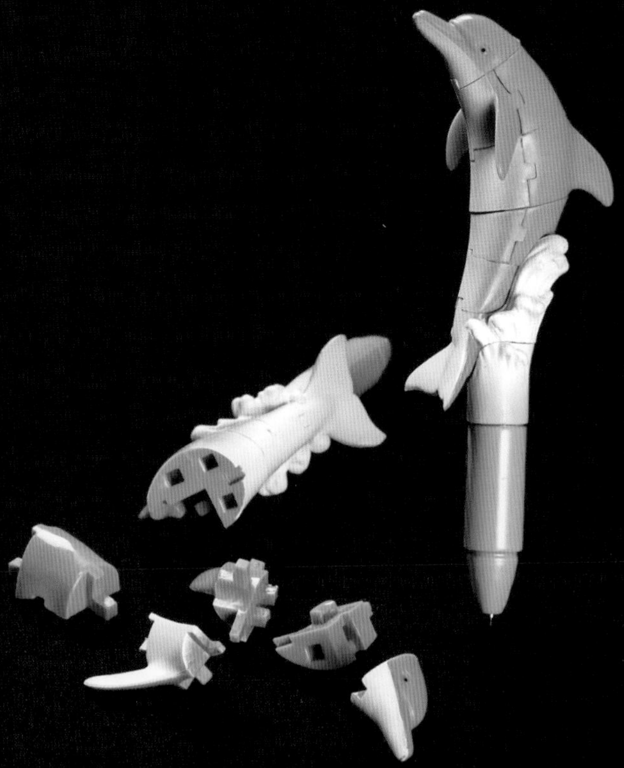

猛然一看，這隻立體海豚拼圖筆可能會讓動物保育人士氣得跳腳。海豚的身體可分解成十一塊，隨意拆解拼組。而且它可是必須依照順序組合的正統拼圖，並不是給小孩隨便玩玩的積木玩具。所以，以計時挑戰的方式一個人玩，玩起來比想像更有趣。如果每一塊拼圖都有標註肚子、魚鰭等部位，一定能提高拼裝的速度，但是保育人士想必會火冒三丈吧。

不祥的公主

〈迪士尼公主　ディズニープリンセス〉

已停止銷售

這兩尊可愛的三段身體公主橡皮擦，可以像紙娃娃一樣，任意幫她們變裝。不過她們是以「嵌入」法換衣服，所以公主的頭可以拆下來，和穿著另一件衣服的身體互換。雖然看起來很可愛，但是把頭扭下來，再換另一個頭上去，實在有一點驚悚的感覺。頭和身體的數量還不一樣，這點更讓人覺得不祥。不知道男性看到女孩子把玩全身被「肢解」的「屍塊」時，是不是能夠徹底大悟「要是得罪女人，下場會很淒慘」這個真理呢？

錯誤的進化

〔gripsharp〕

擁有雙重功能的止滑套兼削鉛筆器，平常可以套在鉛筆上防滑，等到筆芯變鈍，握住止滑套旋轉幾下，筆芯就會被削得尖尖的，從前端的洞露出來。有了這個止滑套，可以省去每次都得四處尋找銷鉛筆器，再把鉛筆插進去等步驟。不過，不曉得大家知不知道，有一種連削都不用削，筆芯就會自動跑出來的文具用品喔！名稱叫做自動鉛筆，真的很方便呢。

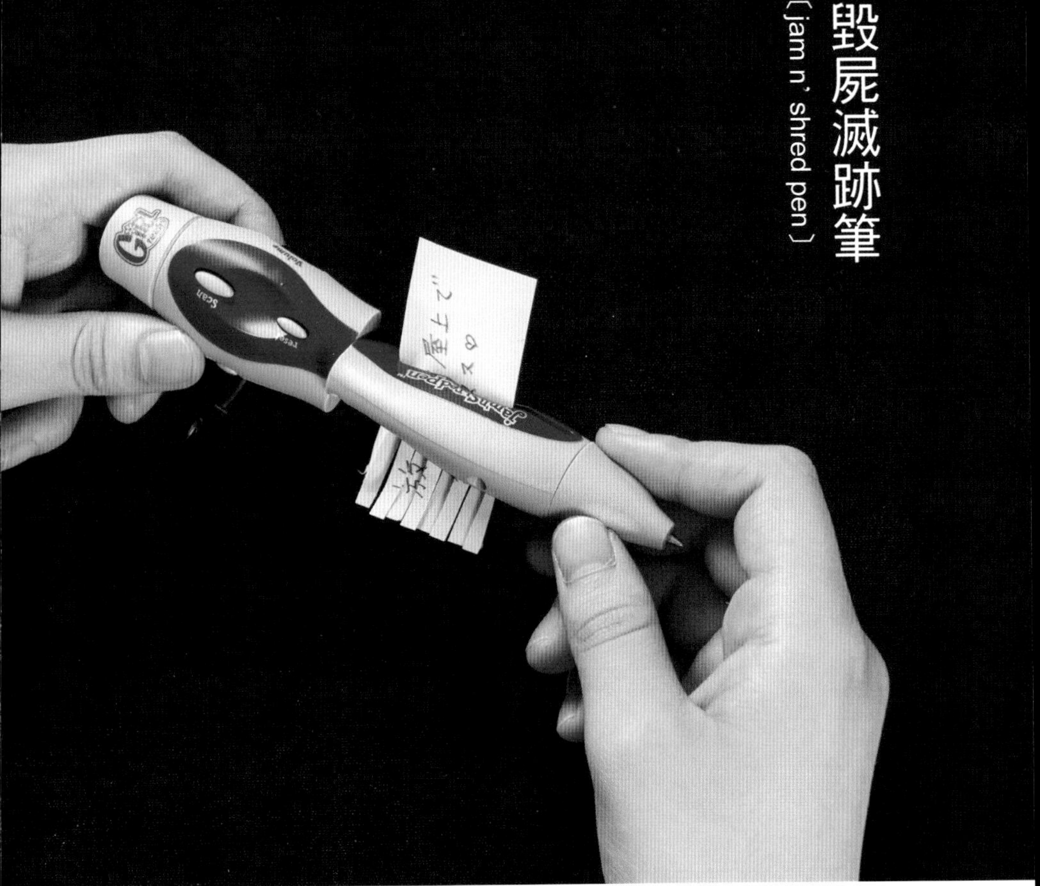

毀屍滅跡筆

〔jam n' shred pen〕

女孩子的秘密特別多，包括班上誰和誰眉來眼去、放學後要去哪裡玩，有太多太多秘密不想讓討厭的臭男生或老師知道。想必一定也有很多女孩子都玩過「把秘密寫在紙條上，上課到處傳閱」的遊戲。如果到時候不小心事跡洩漏，唯一的救命仙丹，就是這支內建碎紙機的原子筆。把紙張放進中央的溝槽，再轉動筆頭，立刻能把紙條碎屍萬段。不管是惡作劇幫老師取的綽號，或者考試作弊的證據，教室裡的秘密通通沒有走漏的風險。

做你自己

{ colourful crayon necklace }

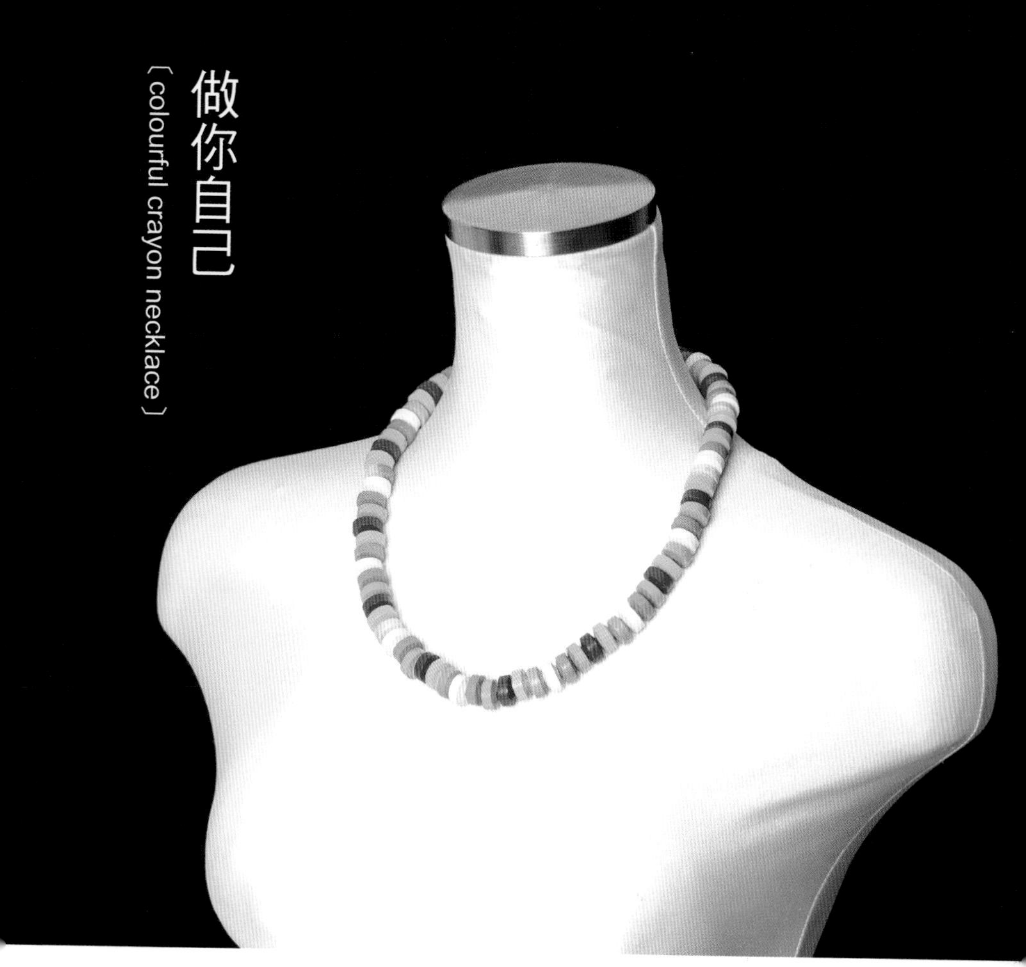

乍看之下，這只是一條色彩鮮豔的串珠項鍊。但是這些珠子並不是石頭，而是用繩子串起來的攜帶式蠟筆，一共有6種顏色，全部84顆。姑且不論不合理之處「這也能當首飾來戴？」總之，不用畫畫的時候，可以就這麼隨身戴在脖子上，走到哪戴到哪。表面經過特殊包覆，所以不必擔心會弄髒衣物。優點是興致一來，不論何時何地，只要把蠟筆從脖子拿下來，立刻能夠揮毫作畫，進入「無入而不自得」的境界！請務必好好做自己，活出真我的風采。

英雄無用武之地的寶物

〔鈦金的1cm量尺　チタンの1cm定規〕

請問大家是否曾經計算過一把量尺「每公分的單價是多少」呢？舉例來說，一把30公分的竹尺大約是120日圓，所以1公分差不多是4日圓。如果是一支25日圓的15公分壓克力尺，每公分的單價不到2日圓。相較之下，這把用鈦金打造的1公分量尺，定價卻要1100日圓。以量尺而言，堪稱市售品中最昂貴的等級。若拉長到30公分，居然要價33000日圓。只能說可惜了這把測量範圍僅有1公分的高級品，因為即使身價再高，還是英雄無用武之地啊。

瞄準他的心

〔心形打洞機　ハートホールパンチ〕

不知道有沒有人曾經仔細留意，文件上所留下的打洞機孔痕？對沒有人會在意的細節也要講究的品味達人，請務必睜大眼睛，把打洞孔瞧個清楚。在此為大家推薦的是雙孔式的心形打洞機。如果想引起意中人的注意，請為他準備這一台專屬的打洞機，將文件打出兩顆愛心，夾在墊板上再送過去，說不定就能正中紅心。唯一的問題在於，把文件夾起來，大概就看不到愛心的形狀了。

展現柔情似水的萬種風情

〔竹葉舟便條紙　ササブネメモ〕

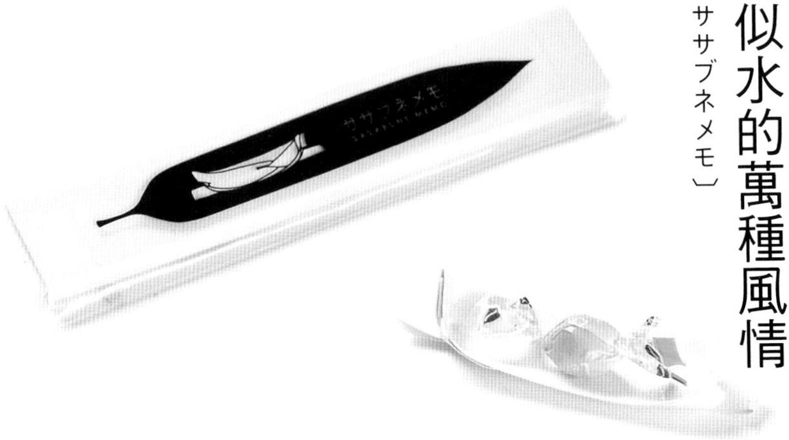

如同品名所示，這是可以折成一艘竹葉舟的便條紙。紙的兩端印有折線和切痕，照著彎曲凹折，即可簡單完成一艘小小的竹葉舟。但材質畢竟是紙，無法放在水面上玩，非常可惜。不過，在上面寫下隻字片語，再放在對方的桌上，或許出乎意料地浪漫呢。把想和對方分享的糖果，放在寫有訊息的小船上，肯定能讓對方感受到東方女性的婉約柔情。

器人

台 ブロックテープカッター】

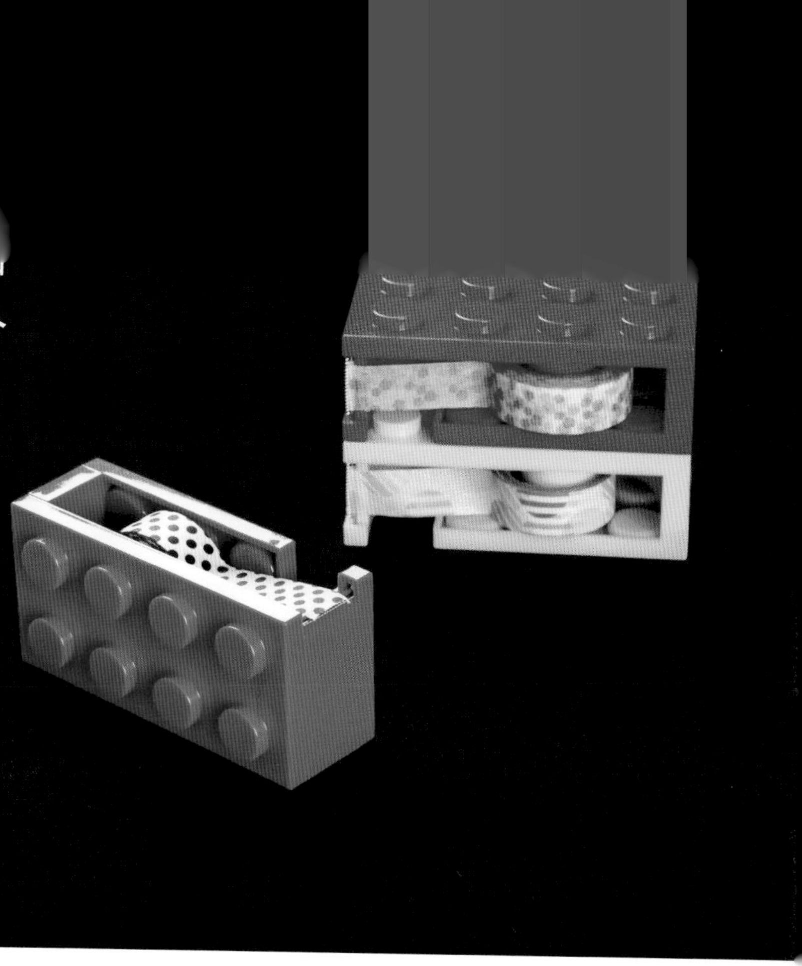

這是造型宛如大型積木玩具的膠帶切割台，和真的積木一樣可以組裝。這樣一體成形的膠帶切割台，可以裝進各種顏色的膠帶，美觀又方便。順便一提，光就積木的角度而言，在目前的市售品中，它是全世界最大的積木。用這麼巨大的積木組裝機器人，視覺效果應該很震撼。聽到這，積木迷可能個個熱血沸騰，摩拳擦掌……不過，大歸大，組裝出來的可是全身上下都可以拉出膠帶的機器人喲。這樣，還有沒有人舉手說想要？

分身乏術者必備

〔zip pen〕

上班的時候，除了得同時打鍵盤、接電話、記筆記，也不忘偷閒把零食送進嘴裡。為了提高作業的效率，如果能夠讓打字和寫字同步進行……於是，為了造福那些忙到瀕臨過勞死的手指頭，終於有了這支套在手指頭上的原子筆問世。它可以讓你套在指頭上照樣打字，寫東西的時候，也不必停下來拿筆，雖然很難想像有誰忙到連這麼一點時間也要斤斤計較。最後來個溫馨小提醒，吃零食的時候可要記得拿下來，不然，小心嘴巴周圍被自己畫成小花貓哦。

悲哀的首領

〈骷髏頭釘書機　ドクロステープラー〉

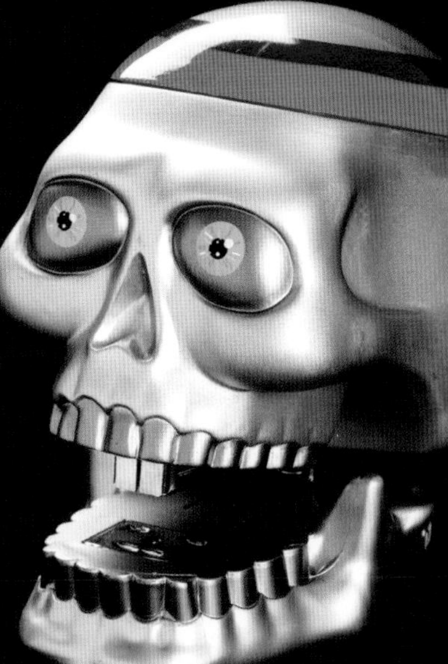

這個坐鎮在桌面一隅的骷髏，以充滿壓迫感的眼神，傲視前方。至於它真正的用途，其實是個Stapler，也就是釘書機。英文「Stapler」唸起來，有一種身輕如燕的感覺，但實品卻不相襯地沉重。而且，把釘書機做成幼兒頭顱般的大小，顯然有些過大。本來以為做得這麼大或許是有什麼特殊用意，結果完全沒有。不但如此，愈看愈覺得它和特攝節目（如：假面騎士等）的壞人首領有兄弟臉，可惜這張臉也只是虛有其表。知道這點以後，總替它感到幾分悲戚。唯一能替它做的，就是永遠讓它待在書桌的角落吧。

雙重衝擊

〔掏耳棒原子筆　耳書き〕

以前曾經推出「往右轉是自動鉛筆，往左是原子筆」這樣的筆，但本產品給人的衝擊度保證更勝一籌。往右轉依然是原子筆，但往左一轉……居然是掏耳棒！應該不少人都有過這樣的經驗：工作的時候，耳朵突然覺得好癢，很想拿著原子筆直接掏耳朵，挖個痛快。但沒想到這個idea真的能化為現實。但是，把本產品仔細拿起來端詳，還有第二次衝擊。原來掏耳棒做得太短，根本搆不到耳朵裡面啊。

「魚」心不忍

〔魚形原子筆　さかなペン〕

這是觸感蓬鬆又舒服的魚形玩偶。從口中突出的筆芯，讓它們看起來很像被竹籤串好的烤魚。品項也相當齊全，包括鮪魚、秋刀魚、鱸魚、花魚、香魚，都是常見又美味的種類。至於用起來的感覺……由於筆身塞入大量的泡棉，所以握起來相當違和。更重要的是，握的時候感覺很像快要捏爆魚頭，「不可以糟蹋食物」的愧疚感隱隱作祟，讓人實在「魚」心不忍啊。

最佳女主角大頭針

{pushpin collection}

如果想讓畫面瞬間生動鮮明，恐怕很難找到第二款效果這麼好的大頭針了。雖然以外型來說，它更接近用來製作標本的昆蟲針。不過，就產品的分類而言，它的確屬於大頭針喔！總之，如果把這款大頭針釘在人物照片上，不論男女老少，華麗指數立馬升級。當然，效果的好壞還是因人而異。翻開以前的少女漫畫，每當主角登場，身後的背景總是百花齊放、美麗的蝴蝶與小鳥紛紛飛舞。這支大頭針一插，你也能輕易得到這種「眾星拱月」的效果。那麼，請各位立刻拿出大頭照，來做個公主夢吧。

桌上的靈峰

〔富士山和神社　富士山と神社〕

大家知道東京23區內有幾座富士塚嗎?正確答案是50座以上。這是因為江戶後期，富士山被江戶人視為靈峰，成為人們崇拜的對象，所以在都內各地蓋了一大堆模擬富士山的「富士塚」，結果造成富士塚氾濫成災。既然外面都有那麼多座了，在自己的桌上擺一座也不為過吧。把富士塚做成實用的橡皮擦，就更不必擔心世人的注目。這套橡皮擦組的設計相當周到，山腳下的淺間神社，連鳥居和參拜步道都一應俱全。俗話說心誠則靈，每天虔誠祈求，說不定運勢真的會步步高升呢。

好夢手帳

〔dreami diary〕

人的一生，有將近三分之一的時間都用來睡覺，由此可見睡眠的重要性。因此，即使只是午休的小憩，也不能等閒視之。直接趴下來，貼著硬梆梆的桌面睡覺？別鬧了，當然不能這樣虧待自己。為了確保良好的睡眠品質，首要條件就是合適的枕頭。這本封面充氣、觸感輕柔軟綿的手帳，絕對是誠心推薦給大家的助眠好物。把頭枕在上面小睡片刻，相信應該能大幅提升下午的工作效率。由於體積過於蓬鬆，當作隨身手帳使用的確有點不方便，但是看在能睡個好覺的份上，姑且睜隻眼閉隻眼吧。

測量與計算合體

{calcuruler}

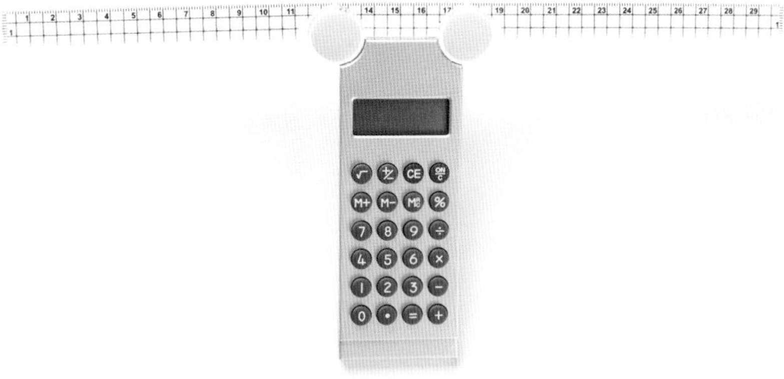

超過30歲以後，成人的腦部機能會逐漸衰退。例如為了寄宅急便的運費，而測量包裹的尺寸，有時會沒辦法立刻心算長寬高的約略總和。想用計算機，卻又到處找不到。健忘情況嚴重的人更慘，可能會滿頭霧水「咦？我一開始量的高是多少呢？」只好重新再量。遇到這種時候，手邊有這麼一台，就可以把量好的長度，立刻鍵入、加總，一氣呵成。看到尺和計算機的合體，或許會有人疑惑「這到底賣給誰啊？」不過，它可是比想像中還搶手呢。

S & M

〔勇氣小子「BravePal」吸磁名片座〕

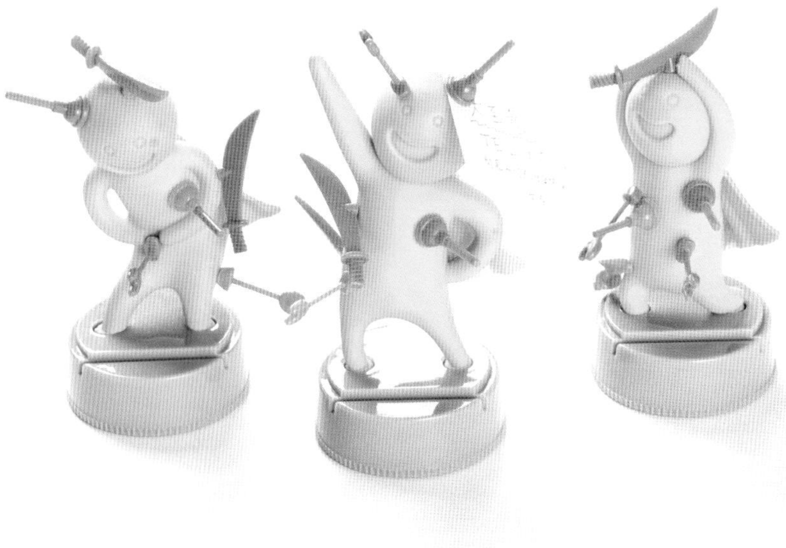

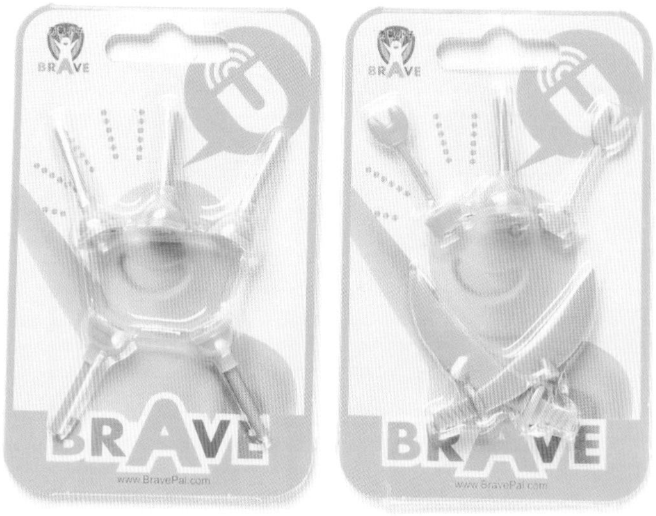

這是利用「具備磁力的刀與箭」，殘忍地把留言紙釘在人偶上的便條台。難不成這是被亂箭射死、基督教殉道者聖賽巴斯帝安的模仿版嗎？雖然被萬箭穿心，卻還是笑容滿面的樣子讓人過目難忘。這是有次逛文具展，我逛到某個台灣廠商的攤位，當場拜託對方讓我帶走的展示品。隔年，那間廠商來到日本參展，所以我過去向他們打聲招呼，沒想到對方笑咪咪的拿了一樣東西遞給我「這是我們的新產品！」天啊，竟然是「追加武器組」。究竟是誰這麼狠心，還想多刺他們幾刀啊？

1万円起業
これからの日本、経済より大切なこと

JUNE 2014
6

DA

專欄②

橡皮擦狂熱迷之家

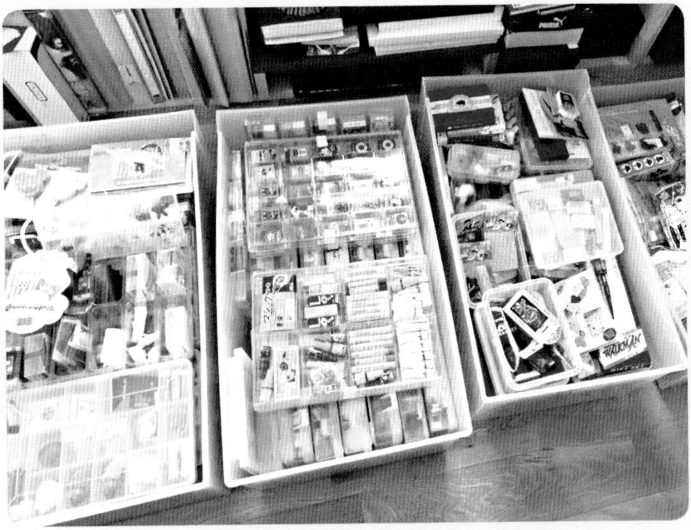

橡皮擦魔人的收藏。衣物收納箱對收藏家而言，是神聖不可侵犯的領域。

接著我們請橡皮擦收藏家——橡皮擦魔人，和大家分享橡皮擦的魅力，以及保存上有哪些困難之處。

木建卓（以下簡稱**卓**）橡皮擦魔人以前曾經在文具品公司上班，對橡皮擦狂熱到親自打造自己想要的橡皮擦。該怎麼說呢，這應該是你身為蒐藏家的夢想吧？

橡皮擦魔人（以下簡稱**橡**）那已經是好久以前的事了。不過，是這樣沒錯。我的夢想就是製作一套圖鑑橡皮擦。

卓　圖鑑橡皮擦，就是用上面寫著「恐龍圖鑑」、「昆蟲圖鑑」的紙套，套起來的四角形橡皮擦。把橡皮擦往前推，會發現裡面居然是挖空的，且裝著超級小的恐龍或昆蟲橡皮擦。實品做得實在太棒了。

橡　圖鑑給人的印象是都會附帶模型，所以我對裝在裡面的恐龍和其他細節也都非常講究。結果製作成本變得很高。我心裡也很佩服公司「哇，沒想到公司真的肯讓我做到這種程度」。工廠的人也一直跑來向我哭訴，說我出了太多難題，現在回想起來，真的很難為他們。

圖鑑橡皮擦，在挖空的橡皮擦中還藏有更小的恐龍橡皮擦。

卓　讓一個狂熱份子打造他想要的東西，這時候身邊的人就要剉咧等了。你的情況就是典型的例子吧（笑）。

橡　我真的很抱歉（笑）。

卓　我今天叨擾了橡皮擦魔人

的府上，參觀了他的珍藏。沒想到除了Magster小姐，橡皮擦魔人也是用衣物箱收納橡皮擦，而且箱子都裝得滿滿的。是不是收藏家都喜歡衣物箱呢？

橡　就是說啊。我的作法是先把每一塊橡皮擦裝進分成一格一格的PP盒，再連盒裝進衣物箱。以前的橡皮擦都加了聚氯乙烯，如果集中一起存放，橡皮擦會融化，黏成一團。所以，我只能先用分格PP盒裝起來，不然就是放進夾鏈袋，最後再一起放進大型衣物盒。

卓　橡皮擦我買得不多，因為太難保存了。

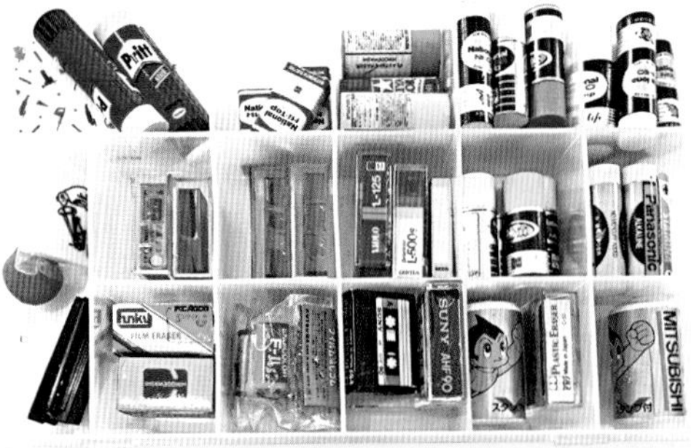

分格收納盒。雖然只是在百元商店買的便宜貨，卻能良好保護橡皮擦。

橡　最近的橡皮擦已經改用不會融化的材質，所以保存起來比以前輕鬆多了。但由於我還在繼續收集，舊配方的橡皮擦還是會愈來愈多。

卓　舊配方的橡皮擦的確不少呢！可是你分類得好整齊。這個是……牙齒系列嗎？

郵筒系列橡皮擦。有些還可以當作存錢筒使用喔。

橡 對呀！我會依照自己的喜好，替收藏品排等級，一共分成一軍、二軍、三軍。例如這些牙齒系列和郵筒因為屬性很明確，給人的印象也很鮮明，所以被我歸類為一軍。二軍的橡皮擦雖然也能夠歸於某一類，但定位就沒那麼明確。至於三軍，就是屬於無法分類，但是還挺有趣的散戶。

卓 沒辦法歸類，但是超有梗的是哪一軍？

橡 這種也是一軍。例如這套Lonely Cat橡皮擦的包裝居然是瓦楞紙箱，夠酷的吧！所以是一軍。

卓 天啊，這是什麼玩意！怎麼會有這麼悲慘的橡皮擦！

橡 另外我也很喜歡非賣品橡皮擦。這個輪胎橡皮擦（下頁）好像是法拉利官方發行的周邊商品呢。還有，聽說到茨城縣的納豆工廠參觀，參觀者都可以拿到水戶納豆的橡皮擦。我聽朋友說起以後超想要拿到那個橡皮擦，所以為了橡皮擦，要我專程去參觀工廠都願意。可惜我不知道現在去還拿不拿得到。

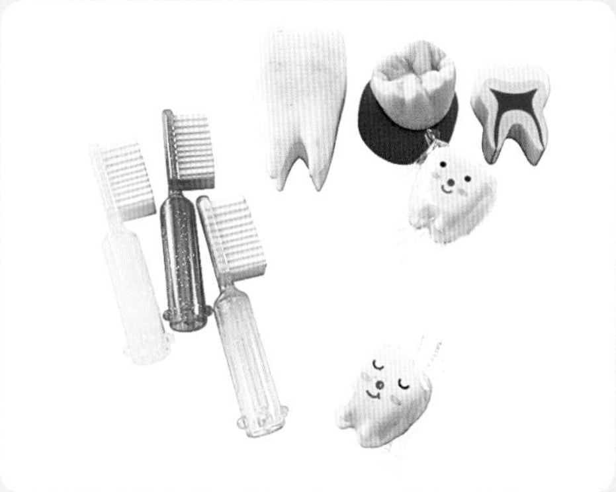

牙齒系列橡皮擦。附帶牙齦的大臼齒，當然只有牙齒能夠連根拔起。

Lonely Cat橡皮擦。實在過於悲慘，兒童不宜。

法拉利的橡皮擦證明他對橡皮擦的熱情。

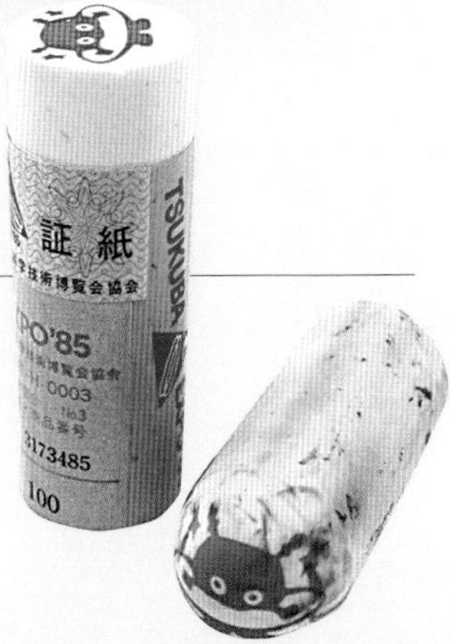

朋友送哥哥的星丸橡皮擦。左邊的未拆封品是後來得到的。

卓 只是為了一塊橡皮擦，就願意跑一趟工廠參觀！你是從什麼時候開始對橡皮擦著迷的呢？

橡 從幼稚園就開始了。以前我伯父在文具批發公司上班，在我哥哥升上小學的時候，他送哥哥一套文具用品組，包括很小塊的橡皮擦，看起來很可愛。我很喜歡，拜託哥哥送給我。大概就是從那個時候開始吧！還有一次，我哥哥的朋友送他萬國博覽會的宇宙星丸橡皮擦當伴手禮，雖然已經被他拆開來用過，但我還是很想要。和哥哥討價還價以後，最後我花了日幣300圓跟他買下那塊橡皮擦。

卓 300圓對小朋友來說不是小數目耶。看得出來你真的很想要。而且哥哥都已經用過了。

橡 可是那是只有在萬博才買得到的橡皮擦耶！上面還有貼萬博官方的證書。

卓 所以就算已經用過，只剩一半也沒關係嗎？

橡 橡皮擦最重要的功能是「擦」，所以一定會變得愈來愈少，沒有辦法。我自己也會想用可愛的橡皮擦。

卓 什麼！你也會拿自己的收藏品來用？

橡 會啊，就是會很想拿來擦。其實，我小學的時候，有好幾個橡皮擦都被我擦掉了，後來我都覺得很後悔「那個時候我怎麼把它擦掉了」，現在就是以收藏為主，比較少擦了。話說回來，我覺得「擦掉就沒有了」的風險，正是橡皮擦的魅力所在。好比說手機吊飾的款式不是很多嗎？雖然也都造型可愛，可是對我來講，「會愈用愈少」這點更重要。如果材質可以永久保存，我反而沒什麼興趣。

卓 嗯~你的心理我實在不是很了解，或許你的同好比較能理解你的心情吧！

目前依然視為珍寶的天皇登基60年紀念幣的橡皮擦。上圖是硬幣實體。

可憐的怪物

〔zipit 怪物收納包　zipit モンスターポーチ〕

這是個一拉開拉鍊，立刻化身為露出尖牙、咧著一張大嘴的怪物造型筆袋。在裡面找東西的時候，如果一路把拉鍊拉到底，最後整個筆袋會變成一條線。這種設計的好處，是不必一直左掏掏右掏掏，也能一眼看清筆袋裡的虛實。想要恢復原狀，只需把拉鍊一路往上拉，又是原來的大嘴怪物。說穿了，雖然外表看來嚇人，其實它只是每次主人要找東西，就慘遭肢解的可憐蟲啊。

讓人無心工作的筆

〔工程車原子筆　まめーIR はたらくくるまボールペン〕

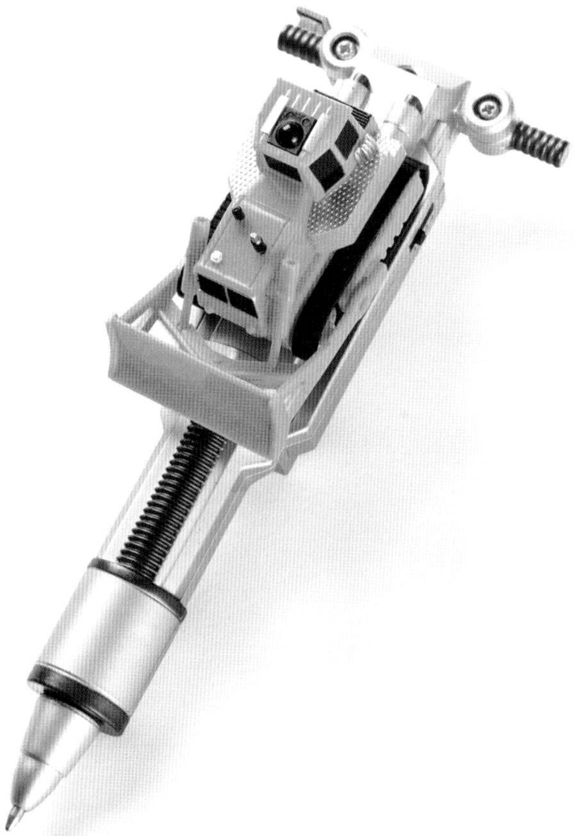

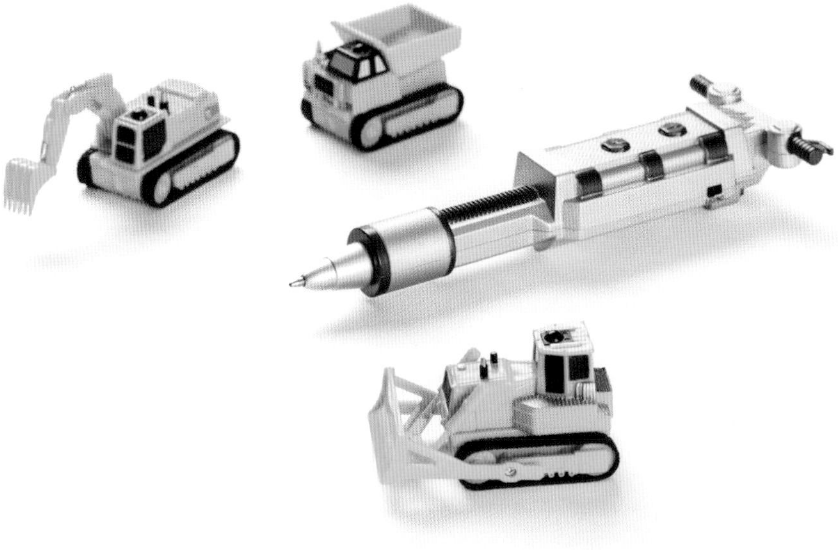

這支活躍於道路工程的鑽孔機造型原子筆，附帶一台小巧的「工程車」。驚人的是，其實這支原子筆居然是一台遙控器操作的RC車。遙控器在手，你可以讓它在書桌上來去自如，看是要翻過堆得老高的「文件山」，還是消除前方的各種文具障礙物，都不成問題。而且它還會幫你把橡皮擦屑收拾乾淨。不過，雖然美其名為「工程車」，其實完全不是這麼回事。別說在工作上替你分憂解勞了，它唯一的作用就是拖垮你的工作進度。

日本的底蘊

〔壽司筆袋　寿司ペンケース〕

若是說到與美式熱狗（P35）分庭抗禮的食物，肯定是最能代表日本的壽司。和虛有其表的美式熱狗不一樣，這兩款分別是鮪魚和玉子燒的筆袋，具備充分的收納空間。壽司飯是超大容量的收納包，而配料的空間也不容小覷，大到連手帳也放得進去。壽司飯和配料要分要合，用芥末色的魔鬼沾就能一秒搞定。而且雙面皆可使用，如果看膩了，翻個面，玉子燒握壽司瞬間「變臉」，化身為鮭魚握壽司。這等創意與細膩度，正是展現日本料理的實力所在。

誠實的小木偶
{honest boy pencil sharpener}

故事中的小木偶皮諾丘，被仙女施以魔法，只要說謊，鼻子就會變得愈來愈長。但是照片中的小木偶卻剛好相反，鼻子只會變得愈來愈短。因為他的鼻子底部是削鉛筆機，鉛筆放進去，當然被愈削愈短。另外，這個小木偶對小朋友來說，並不是站在同一陣線的自己人。騙父母要好好唸書，可是一看小木偶的鼻子（鉛筆），居然一點也沒有變短，謊言馬上會被揭穿。所以各位小朋友可要記住了，誠實的小木偶終究是站在父母那邊的。

夢幻刀叉組合

{dine ink utensil set}

吃便當的時候發現忘記帶筷子該如何是好？健忘者的救星出現了，這支筆的筆蓋可以拆下來權充湯匙、叉子、刀子，非常方便。這是一位義大利設計師，以「辦公室用的餐具」為設計概念，在未來的餐具設計國際比賽中，大放異彩的得獎作品。使用生物可分解性的無毒樹脂製作，不會對人體造成危害。或許有人覺得設計師根本異想天開，但人家可是一本正經，沒有半點開玩笑的意思。不過，既然要做，乾脆也針對亞洲市場，開發可以化身為一雙筷子的原子筆如何？

心理創傷的預感

〔動物園蠟筆　動物園クレヨン〕

這是可以替換筆芯的蠟筆組合。用法是從管子內抽出自己想要的顏色，安裝到前端。每個顏色的筆頭都是動物的頭部。例如黃色是老虎、橘色是大猩猩等。蠟筆雖然做得很小，作工卻很細緻，包括大猩猩的毛髮、大象的皺摺等，無不維妙維肖。但是，隨著蠟筆的耗損，馬和駱駝這兩種原本就屬於被獵食的動物，頭部看起來就像被狠咬一口，實在慘不忍睹。逼真呈現固然不是壞事，但是對喜歡動物的小朋友而言，卻足以造成重大的心理創傷。

吳越同舟

｛scissors tape｝

吳越同舟，這個成語的意思是彼此敵對的人，在患難時同仇敵愾，共度難關。若以文具舉例，就像可「寫」又可「擦」的附橡皮擦鉛筆，機能剛好相反，但如果合體，可以發揮更強大的效用。那麼，當「剪」遇上「貼」的時候，又會擦出什麼樣的火花來呢？基本上都是同一個概念的產物，但是結果怎麼差這麼多？完全感受不到1＋1大於2的效果，大概是某個環節出錯了吧。最後再補上一刀，用來收納膠帶的握把做得太粗，根本很難剪。

可組裝的巨無霸漢堡

{pencil stackers erasers}

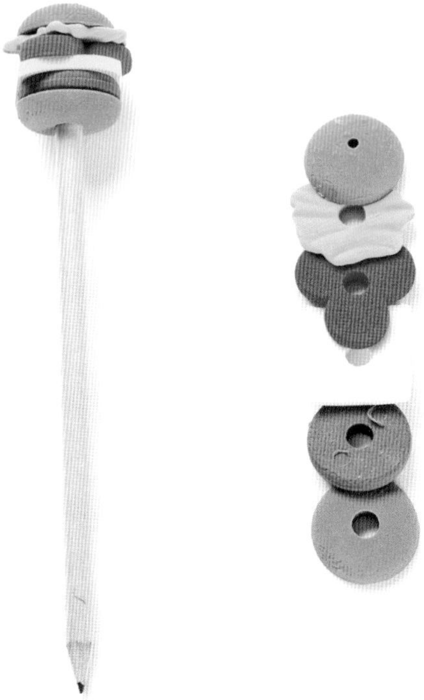

美味的漢堡造型橡皮擦。麵包、生菜、肉片等都是可拆式配件。一層層疊好，往鉛筆尾端一插，就是附帶漢堡橡皮擦的鉛筆。一組有兩個漢堡，換句話說，你也可以全部疊在一起，做出一個巨無霸漢堡，重量共50 g。通常附帶在鉛筆尾端的迷你橡皮擦約2 g，所以一個漢堡橡皮擦相當於25個鉛筆迷你橡皮擦。實際拿著這支重50 g的漢堡鉛筆寫字，指尖都忍不住打顫。看來巨無霸漢堡從各種層面來說，都對身體是過於沉重的負擔。

工作效率UP高速筆

〔雙色筆　ニコペン〕

說到雙色筆，一般人想到的是按鈕式的多色筆，這種雙叉式的雙色筆相當少見。使用一般按鈕式的多色筆時，如果想換個顏色，必須先按下想要替換的顏色鍵，再重新握好筆桿。但兩色並列，只需把筆尖上下顛倒就可以，省下一道工夫。換句話說，可以用不到平常的一半時間完成換顏色的動作。雖然造型看起來很遜，但是對分秒必爭的忙碌商務人士而言，可是能大幅提升工作效率的高速工具呢。

袋中有棒，棒中有袋

〔美味棒雙層筆袋　うまい棒ダブルペンポーチ〕

© やおきん

五十歲以下的日本人，應該沒有人沒吃過美味棒吧？這個筆袋做得和日本國民美食「美味棒」（うまい棒）的包裝一模一樣。沒想到，打開拉鍊一看，裡面也有一根幾可亂真的美味棒。而且還依照顏色的差異做成醬油口味和玉米湯口味，非常用心。而且做成筆袋的美味棒，打開以後，裡面也是筆袋喔。為什麼筆袋的裡面還有筆袋，真不知道製作這項產品的人在想什麼。總而言之，美味棒的包裝一打開，如果沒有美味棒就是不對，一定要有才是正確包裝。

死亡筆記本

{paper voodoo}

這是加勒比海的巫毒教島國——海地版的死亡筆記本。首先在筆記本裡，寫下想詛咒對象的姓名、詛咒的內容、詛咒的理由、詛咒後處理筆記本的方式（有唸咒語、焚毀、掩埋……等眾多項目欄，可勾選），接著就可以拿出人形紙，在想要詛咒的部位畫上釘子。完成這兩個步驟，即使是對巫術一竅不通的外行人，也能輕鬆下咒。如果你在情人的房間發現這本將近有百頁的筆記本，想必會嚇得毛骨悚然吧。

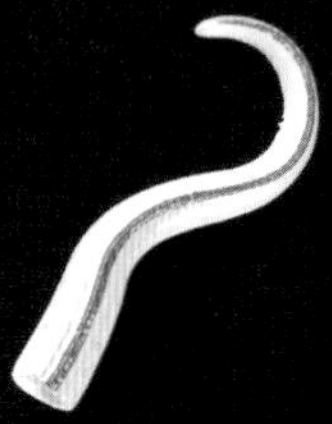

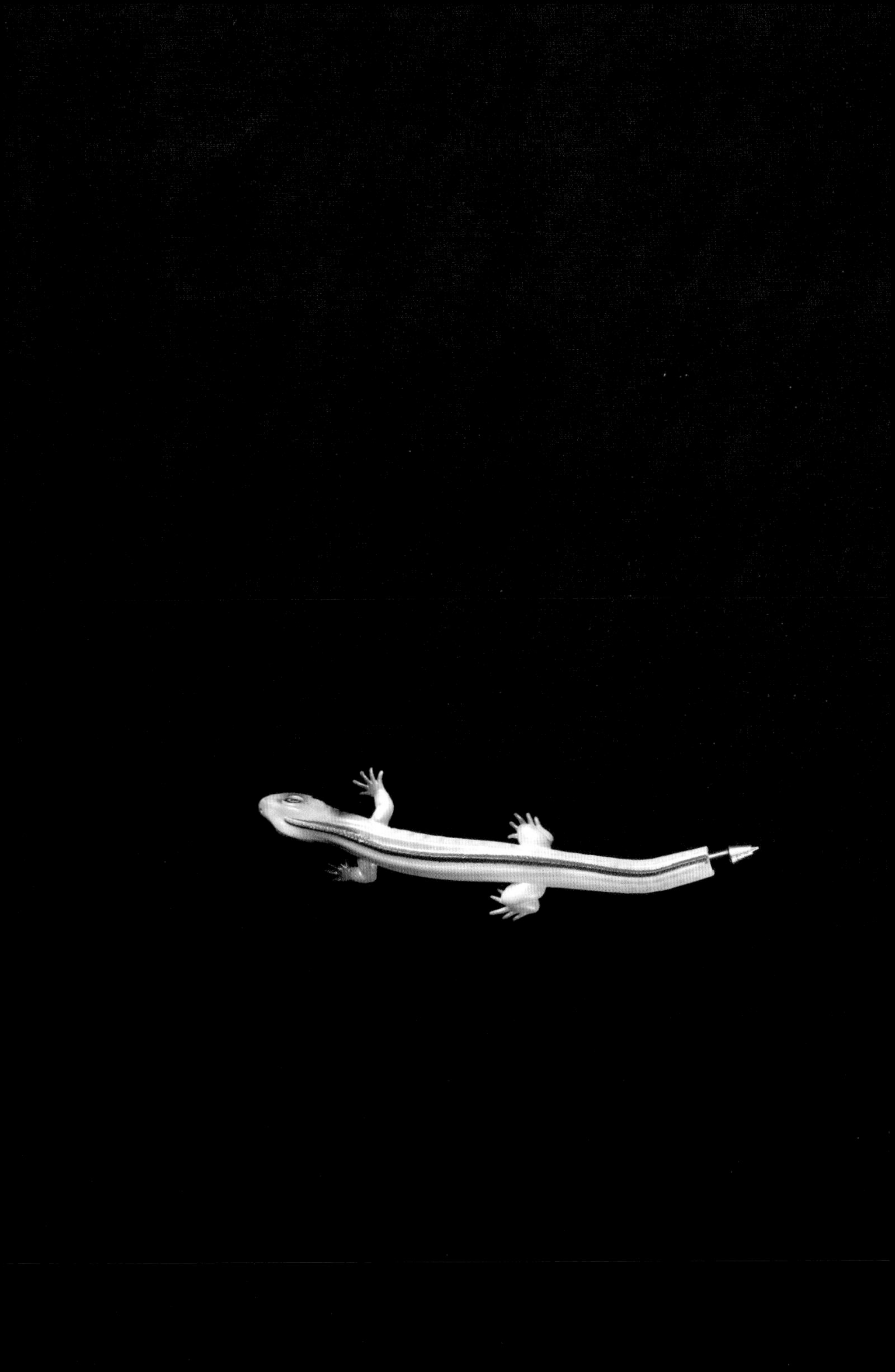

表裡不一

〔蛙類原子筆　カエルペン〕

草莓箭毒蛙、黃帶矢毒蛙……即使不一一列舉名稱，想必光從外表，也能看出這些都是帶有劇毒的蛙類原子筆。不過請放心，它們所使用的油性墨水，如果大量誤食，對人體或許會造成危害，但還不至於到中毒的地步。不過既然要做有毒生物的原子筆，乾脆做成形狀更為接近的毒蛇筆，不是更為逼真？從鼻子突出的筆尖，看了實在令人反感，也不知該從哪裡握筆。這套原子筆讓人挑剔的地方還真不少，但也就是一無是處才吸引人吧。

職人道具

〔麥克筆專用袋　マッキーケース〕

已停止銷售

麥克筆裡面居然還裝著一支麥克筆！原來這是麥克筆專用的軟質收納盒，讓你隨身攜帶，以備不時之需。利用附帶的吊鉤，不論是把麥克筆掛在腰上，或者吊在包包上帶著走都ＯＫ。聽料理師傅高唱「把菜刀用布包起來」（歌詞出自演歌《月夜法善寺橫丁》），感覺非常帥氣，但如果聽書店店員把歌詞改成「把麥克筆裝進盒子裡」，只會覺得不倫不類。其實，這可是BEAMS和文具大廠ZEBRA共同推出的聯名款，算得上是走低調路線的潮牌商品呢。

面具之下

〔刺蝟原子筆　ハリネズミボールペン〕

這隻造型渾圓可愛的小刺蝟，其實是支原子筆，只是猛然一看，找不到筆芯，不知道該怎麼用。等到小刺蝟像蘭陵王一樣拿下面具，才發現裡面藏有筆尖。原來，看似可愛無害的小刺蝟，其實是原子筆偽裝而成，不摘下面具，誰也看不清它的真面目。寫字的時候，必須抓著刺刺的身體。這種感覺就像不小心看到熟人不為人知的一面，心中的滋味很複雜啊。

代罪羔羊

〔指甲刀原子筆　爪切りペン〕

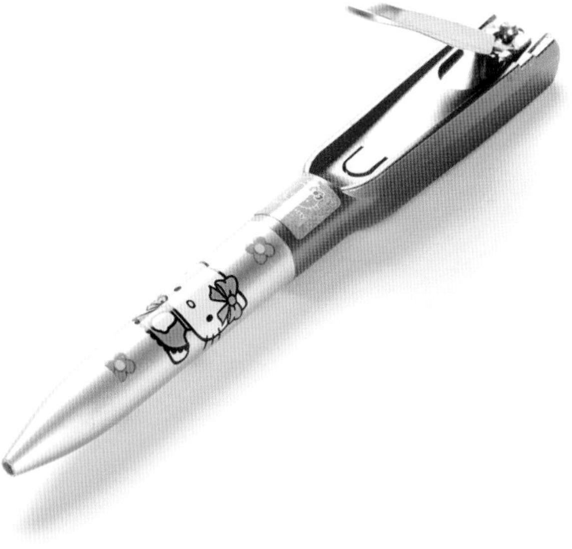

已停止銷售

凱蒂貓周旋在指甲刀和原子筆之間的情形，平常並不容易看到。如果在公司或其他地方，臨時遇到必須修整儀容的時候，這支指甲刀原子筆就派上用場了。或許有人會想「剪指甲這種事不是應該在家裡做嗎」。為了防堵這個問題，建議大家要先下手為強，在對方出言指責之前，就搶先開口「這是Hello Kitty的新產品唷，你沒看過嗎」。不知道為什麼，聽完以後，我的腦中居然浮現出代罪羔羊這四個字呢。

消失的笑臉

{stampler}

這是附帶笑臉印章功能的釘書機。一釘下去，「HAVE A NICE DAY」的文字和圖案都會跟著出現。釘書針剛好落在笑臉的嘴巴位置，可說搭配得天衣無縫。但是仔細一看才發現，這個笑臉好像怪怪的，嘴巴怎麼抿成一條線，看起來表情僵硬，和原本預期的笑容有些落差，也害使用釘書機的人感到莫名不安，甚至開始杞人憂天，擔心今天的會議不曉得是否能順利進行。

夾鏈袋之愛

{school bag}

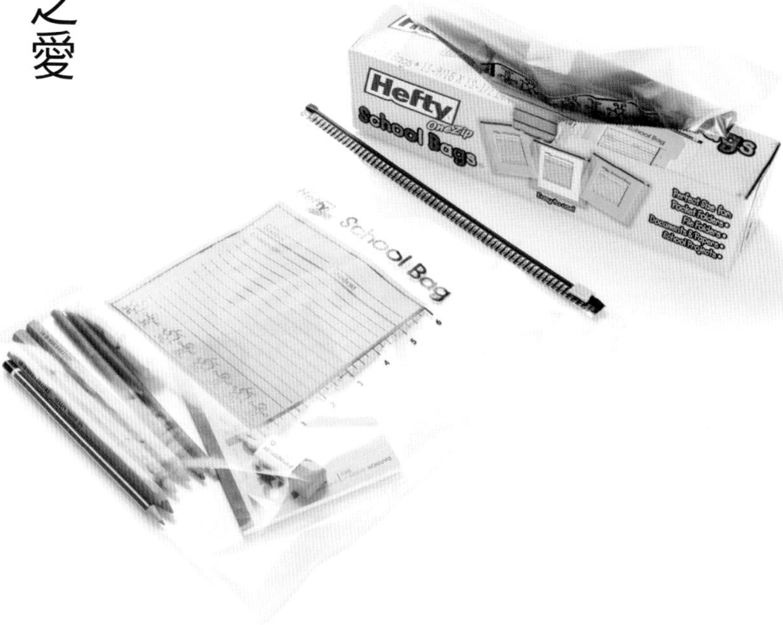

美國人對夾鏈袋的熱愛程度可說非同小可。基本上，不論什麼東西，他們都用夾鏈袋裝起來帶著走。裝午餐不用便當盒，用夾鏈袋。甚至連狗仔隊，也曾捕獲到芭莉絲・希爾頓把夾鏈袋當作錢包使用的畫面。所以會推出文具專用的夾鏈袋，自然也不需要大驚小怪。一包有8個袋子，即使袋子被筆尖刺破，再換一個新的袋子就好。有些款式還印上時間表，筆當然不用說，連筆記本都可以一起裝進去。看起來雖然隨便，其實設計挺貼心的呢。

棋差一著的遺憾

〔竹輪鉛筆　ちくわえんぴつ〕

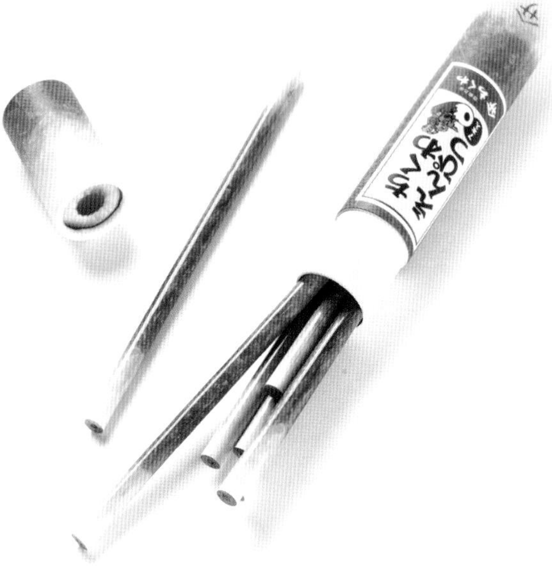

這是竹輪的盛產地——豐橋販售的鉛筆組。外包裝設計成色澤烤得很誘人的竹輪，想必裡面的鉛筆也是竹輪造型囉？可惜的是，鉛筆的黑色筆芯，和空心的竹輪實在不搭，沒辦法做到「裡應外合」。如果把筆芯換成綠色的彩色鉛筆芯，看起來就像裡面包了小黃瓜。或者改用黃色筆芯，做成「起士口味」也不錯。這麼一來，就是五顏六色的「竹輪綜合口味鉛筆組」，可惜終究還是只有黑色的筆芯，實在是棋差一著啊！

四海皆兄弟

{comfort rules}

聽說歐美人士都不大會肩膀痠痛，因為他們的肌肉和骨骼的結構和東方人不同。如果真是如此，同樣都是人，不曉得他們接受按摩以後，是不是也會感受到那股肩膀和背部得到救贖的暢快呢？該不會他們連背癢是什麼都不知道吧？雖然有此疑問，不過聽說還是會癢。這把義大利製的量尺，尾端做成讓人一解搔癢之苦的不求人。想到歐美人士也會用尺來搔癢，總覺得有點開心，原來大家都是兄弟啊。

妄想系女子必備

〔我的情人是文具　恋人はステーショリー〕

這是以妄想系女子為對象的超萌文具組。故事的設定是「我只是個平凡的女高中生，有一天，四個男生突然出現在我面前……如果他們四個人都是文具？」這套墊板和橡皮擦系列，一共分為我行我素男、小惡魔男子、冷酷氣質的眼鏡學弟、溫柔體貼的青梅竹馬，並且依照角色個性印上專屬的台詞。發揮簡單的創意幫文具設定個性與台詞，就能讓人小鹿亂撞。看樣子，日本的萌文化果然不停在推陳出新呢。

*上圖中的大口白框，從右至左

不行啊！你一定要把我墊在下面

你下筆的力道還不賴嘛

居然敢自稱本大爺，膽子不小呢

別擔心，你的筆記本由我來保護

從後面也可以，從前面也可以

{sudoku pen}

數獨是指在九宮格內一一填入數字1～9的益智遊戲。起源於日本的數獨遊戲，風靡海外，因為太受歡迎，在美國甚至還推出搭配數獨專用的筆。以熱門電玩或玩具為主題的筆，在美國相當普遍。至於本產品的特色是「從後面也可以，從前面也可以」。玩家可以操控末端的螢幕玩數獨，同時用筆尖，把數字填入紙本的數獨題目。雙管齊下，相信腦力訓練的效果也會是平常的兩倍。

zipit

zipit®

自由與束縛

〔walls notebook〕

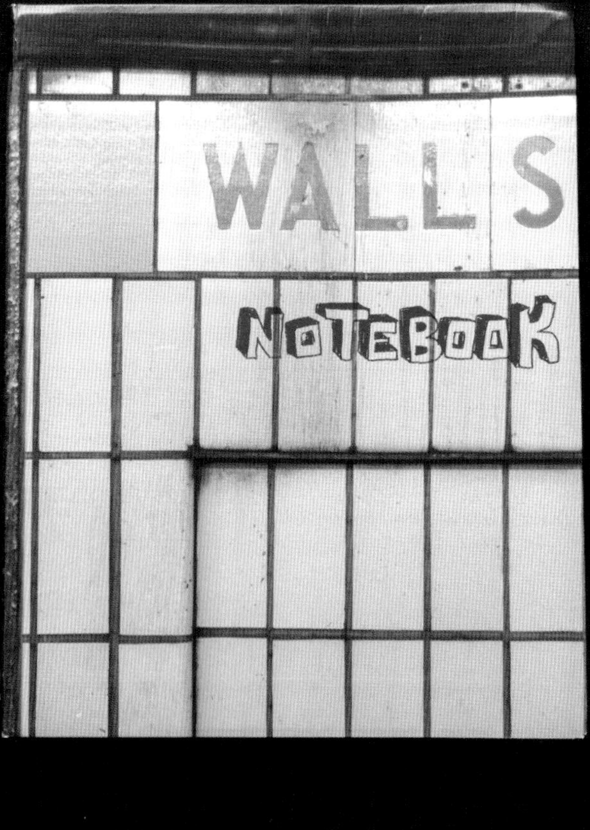

這是專供抒解壓力的塗鴉本，每一頁都是世界各地的牆壁壁面。不論怎麼畫都不怕被罵，所以可以隨心所欲，愛怎麼畫就怎麼畫。用粗筆頭的簽字筆唰唰作畫，有一種化身為街頭藝術家的感覺，心情暢快無比。不過，每一張牆壁都各有特色，想要豁出去在空白的牆上塗鴉，需要一點勇氣。上方照片的牆壁塗鴉，其實是我請朋友幫我畫的。說來丟臉，沒想到我竟然連一筆一畫也不敢越界，從這點被迫看清自己的底限，所以這本塗鴉本讓我覺得自己好悲哀啊。

未來就是現在

〔incredible 3D doodle kit〕

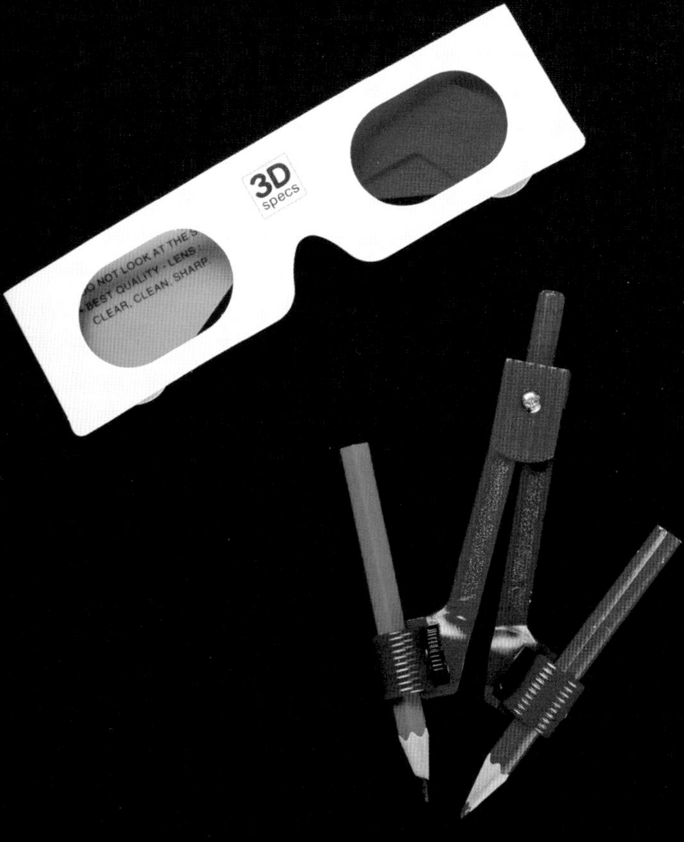

漫畫中的
袋掏出
翻開，立刻出
空中展開激烈的
到「未來的漫
話時，興奮的
希望未來快一
在已經是二十
的我們，可以
的文具——只
筆靠攏，即可
技術含量有點
的未來世界，
遠。

殺時間筆記本

〔kill time note〕

Kill time
Life's too long not to waste time
La vie est trop longue pour ne pas gâcher son temps
ATYPYK

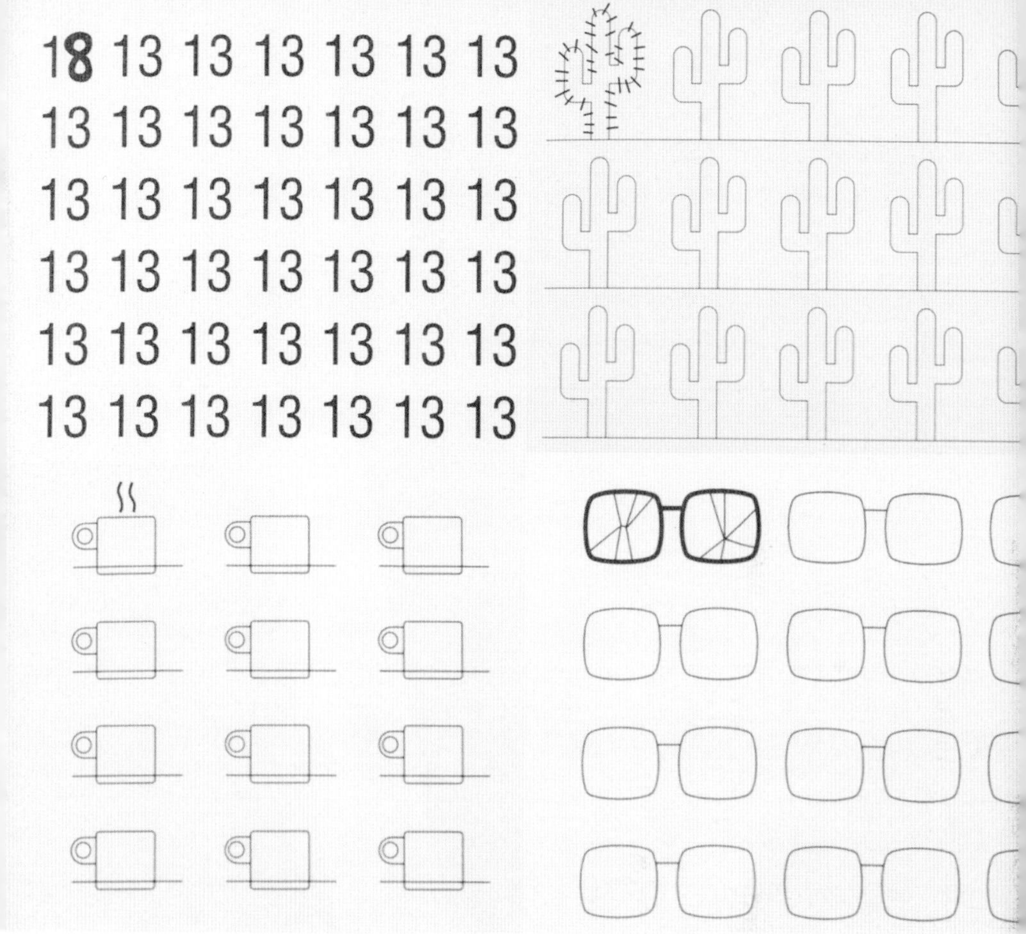

堪稱人類史上最浪費的筆記本，連一頁用來記上課筆記的空白頁都沒有。有一頁滿滿印著沒有刺的仙人掌，用意是讓人發揮創意，把刺一根一根畫出來。翻開另一頁，上面密密麻麻的印著許多副眼鏡；你可以依照自己的喜好，在鏡片畫出各種型態的裂痕。畫著畫著，說不定有幾種前所未有的裂痕就這麼出現。講白了，這本筆記本想要教我們的是，殺時間就是靈感泉湧、最能激發好點子的時刻。

傳說中的男人專用尺

{musical ruler}

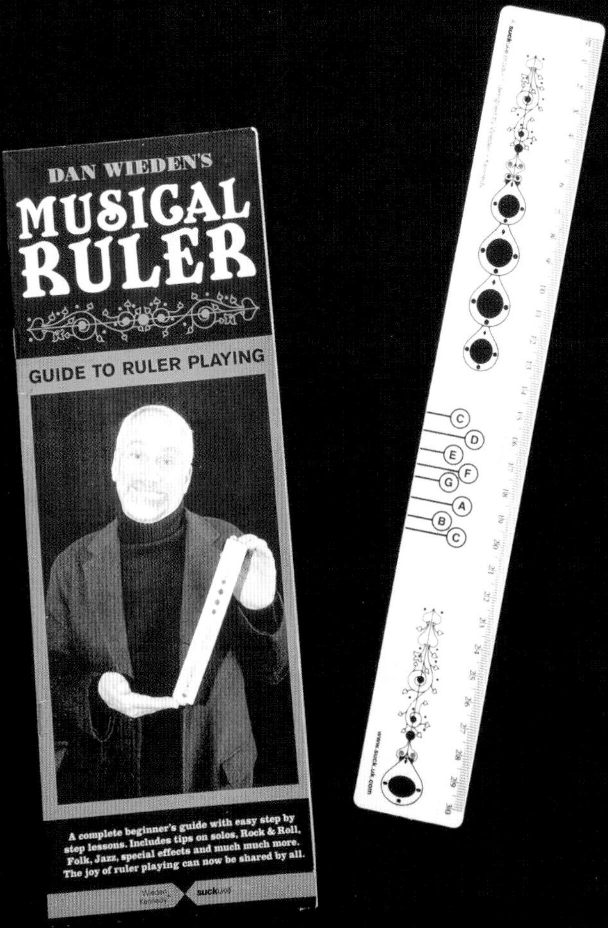

有沒有人曾經把尺架在桌邊，用手壓住尺的另一邊，讓尺發出聲音呢？有個男人居然能夠讓單調的嗡嗡聲，提升到樂器演奏的層次。這組演奏套組，內含一把演奏專用尺，以及一本演奏教學指南。封面上笑得相當開心的這位男子，名叫丹．威頓（Dan Wieden），堪稱廣告界的傳奇人物，曾經參與耐吉等眾多知名廣告的製作。教學指南共有密密麻麻的16頁，詳細記載了用尺演奏的練習方法和指位表。據說，練習有成以後，可以達到匹敵彼得、保羅和瑪莉三重唱的水準。即使是無厘頭的惡搞，也太有才了。真想把這項產品的發明人抓過來把腦袋剖開，看看他到底在想些什麼。

嚇你一跳

〔器官便條紙 real ふせん〕

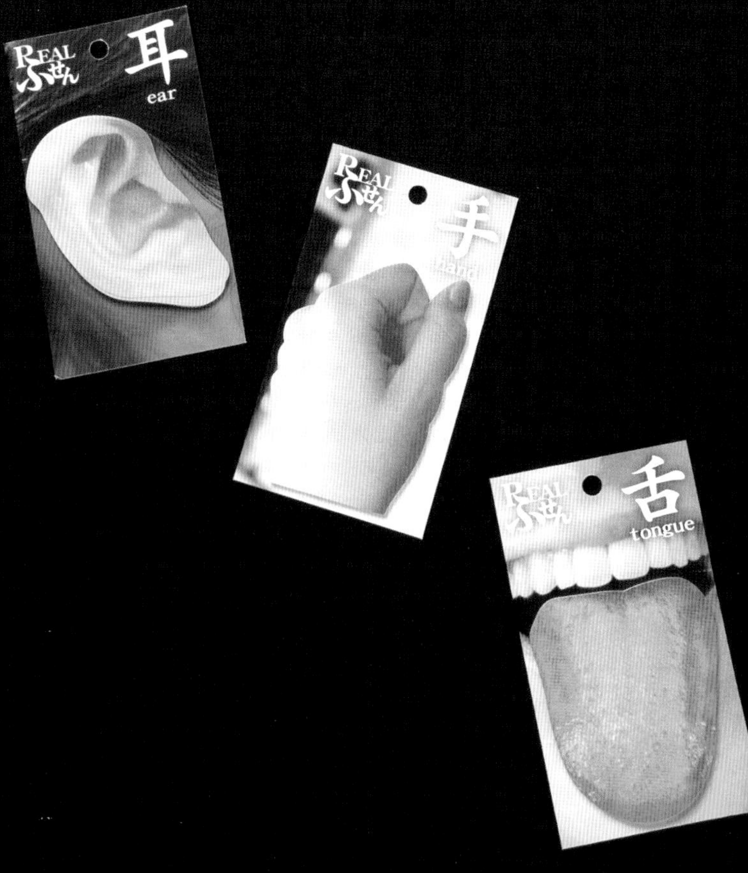

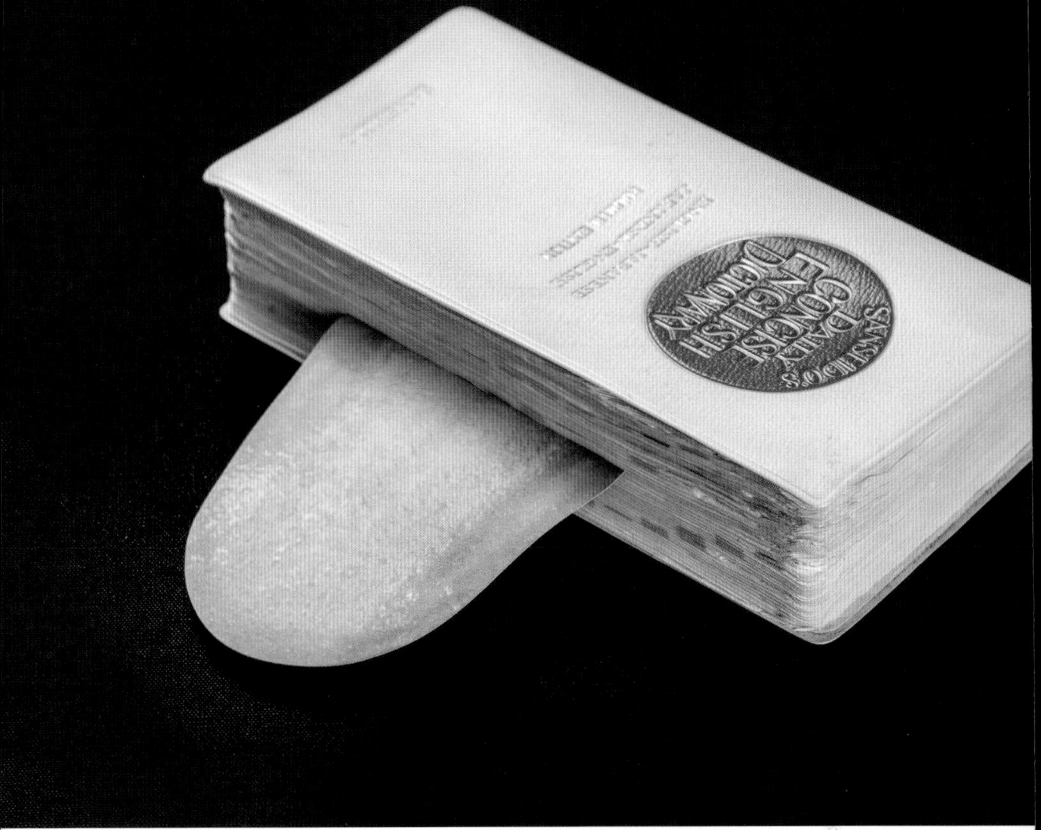

這套以身體各部位為主題的便條紙，製作得相當逼真。每一款幾乎都做得和實際尺寸一樣大。據說當人看到被切下來的部分身體，尤其是掌管感官的器官，會受到極為強烈的震撼。從某種層面而言，和用來做記號的便條紙，功能可說不謀而合。不過，這款便條紙到底該如何使用呢？習慣把手背當作備忘錄，在上面寫下備忘事項的人，不妨在手背上貼一張手背便條紙，寫的時候就不會弄髒手了。至於舌頭便條紙，呃……如果夾在書裡，書會看起來很像嚇人的妖怪，或許會有出乎意料的「笑果」呢！

手槍筆管制條例

〔nerf 玩具槍筆　nerf ペン〕

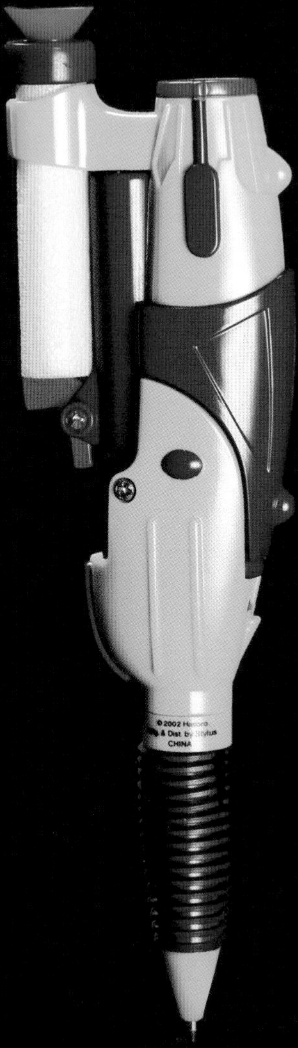

這支原子筆是附帶吸盤的美國飛鏢槍。將筆身從中央彎折，立刻轉換為飛鏢槍模式。首先將吸盤飛鏢就定位，再扣下扳機，吸盤便會伴隨著響亮的「啪」一聲迅速射出。不愧是正宗美國產地出品，威力相當驚人；日本在廟會賣的那種彈簧軟弱無力、吸盤只會發出「嘶」一聲的玩具槍，根本無法與這個相提並論。如果斗膽帶到學校，肯定會引起地震級的騷動。看來，日本也差不多應該研擬手槍筆管制條例了。

混戰的終極武器

器ペン】

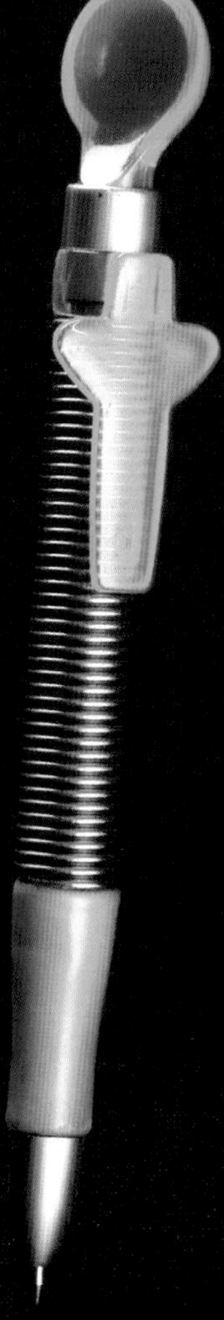

根據聖經記載，牧羊少年大衛，僅憑藉著一個小小的投石機和幾顆石頭，便成功打倒巨人歌利亞。這支乍看平凡無奇的筆，居然配備了如此大有來頭的古老武器。只需把橡皮擦粒放入尾端的凹槽，再壓住整支皆為彈簧的筆身，就可以準備發射。如果目標是前方仁兄的後腦杓，那麼要給予對方輕輕的「迎頭痛擊」絕對不成問題。雖然造成的傷害不大，卻可能成為引爆教室火拼混戰的導火線。希望大家在動武之前，一定要先考慮清楚。

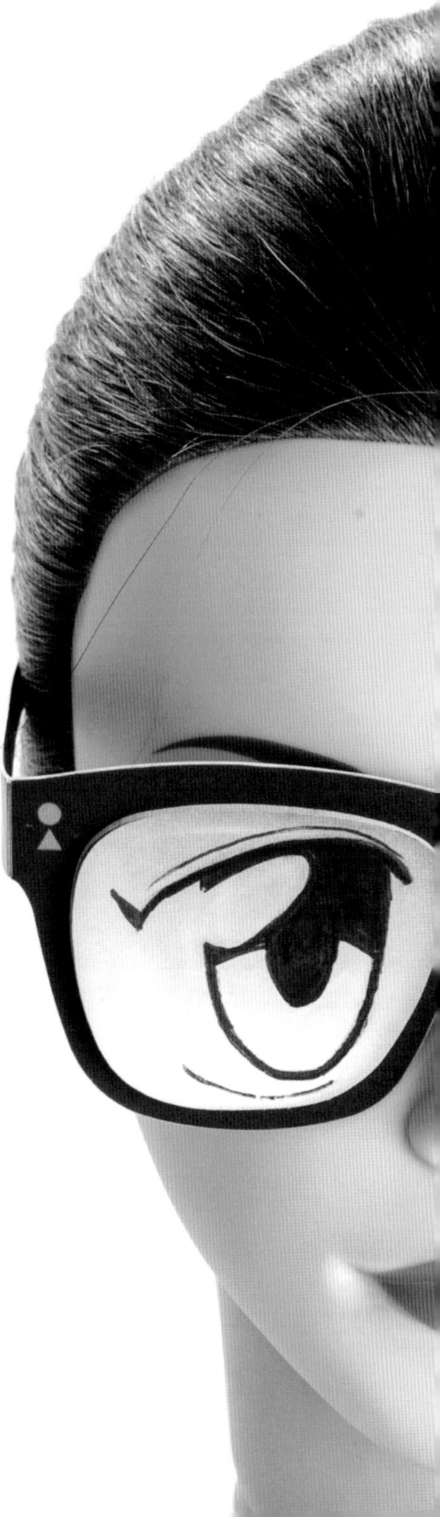

巨無霸的餡料

〔sandwich tag〕

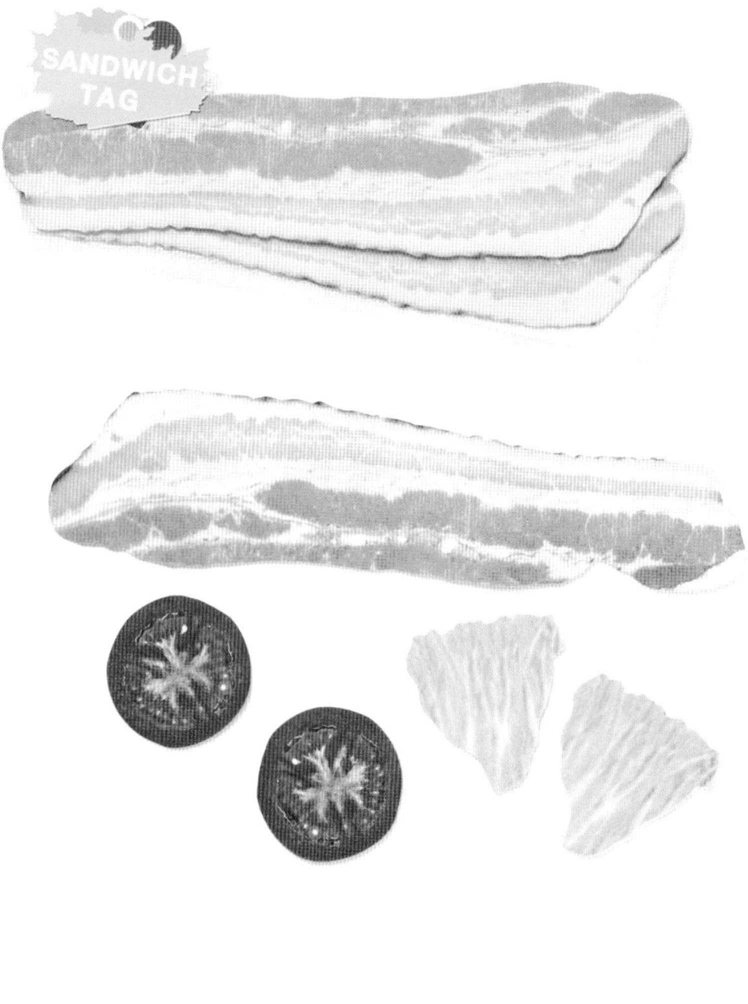

與實物大小等同的培根蔬菜便條紙。為了講究逼真，培根甚至做成真空包裝。仔細端詳一番，發現連表面稍微乾燥，纖維些許裂開的模樣也一一忠實呈現。撕開封套，拿出來夾進筆記本或手帳，就是一份美味程度不遜於Sub〇ay的培根生菜番茄三明治了。不過，最值得大做文章的，還是這些餡料的尺寸，實在大得驚人，整個超出筆記本。只能說這款便條紙追求的是如何刺激食慾，而不是作為文具用品的實用性。所以存在的本身就是一種奢侈，而且意圖不明。

過時的老古董

〔磁碟片筆記本　フロッピーノート〕

這是外型做得和5.25吋磁碟片如假包換的筆記本。儘管我們早已邁入數位化時代，但如果你還是用不習慣智慧型手機，相信這本筆記本應該很對你的胃口。它的外觀和個人電腦草創期的資料儲存裝置一模一樣，充分顯現出數位古董所應具備的風格。把字寫得密密麻麻，說不定記錄的資訊量更勝磁碟片一籌。可以肯定的是，手寫派和數位古董，以前是勢不兩立的死對頭。但是現在同病相憐，都是被時代淘汰的「天涯淪落人」。趁這個機會握手言和，互相取暖，應該不算個壞主意吧。

書桌上的運動時間

〔power pen〕

嚴格講起來，這件能不能稱得上是文具還很難說。把筆身往左右一掰，立刻改造成投籃機。上課拿出來玩，保證不會再覺得度秒如年。而且桌上籃球打起來的爽度，也絲毫不遜於場上籃球。可以想見的是，如果教室裡人手一支，那麼老師和學生肯定會上演官兵抓強盜的戲碼，你躲我抓，忙得不可開交。從筋肉人橡皮擦到超級跑車橡皮擦，製造「假文具，真玩具」的技術不斷日新月異，而這支投籃機變形筆，在技術上，更是攀到了頂峰。原來努力不懈，人類終究會進步啊。

非任天堂 3DS

〔3折式 dentaku soroban〕

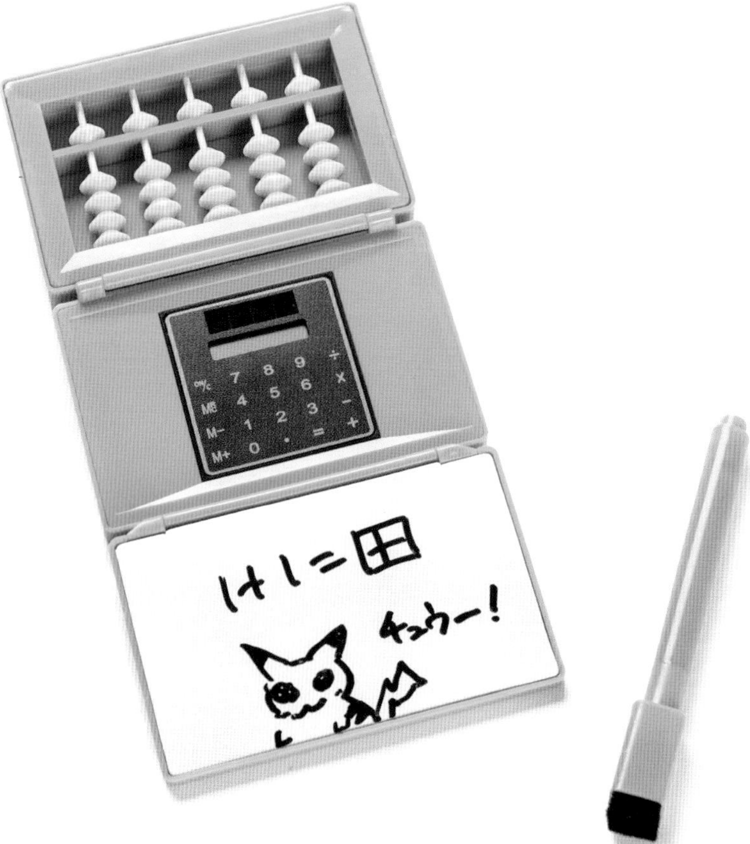

這是兒童雜誌《小學二年級》附錄贈送的3DS。這台3DS，其實是由3折·Dentaku（計算機）·Soroban（算盤）這3個字的開頭字母所組成。嗯，這種命名方式，的確很符合小朋友的風格。廢話不多說，趕快來介紹它令人驚奇的配備。一，它內建了正宗3DS沒有的算盤；二，電源是太陽能計算機，所以不必充電，可以馬上利用電子計算機替算盤的答案驗算，也是正宗3DS沒有的功能。另外，還可以利用白板，和旁邊的人進行「畫談」。如果使用起來就像遊戲一樣好玩，不就超越正宗了嗎？想太多啦！不會有這一天的。

暗器筆

〔穴道按摩筆　ツボーるペン〕

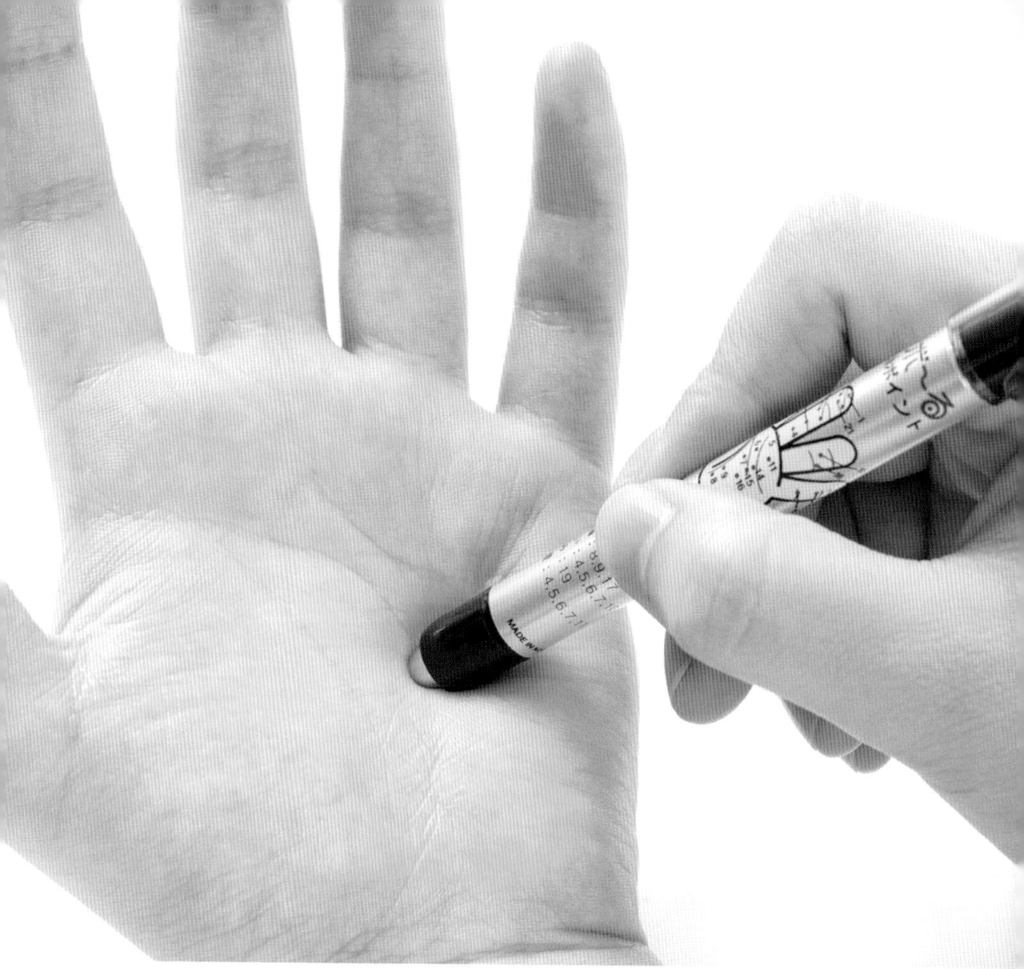

把刀劍等武器隱藏在日用品之中，稱為「暗器」。日本時代劇《座頭市》，主角所使用的手杖刀就是很有名的暗器之一。照片中的是筆身內藏針灸針的筆。目的當然不是拿來暗算別人，而是用於針灸，幫助人恢復健康。為了避免危險發生，筆設計成只有在前端施壓時，針灸針才會接觸到患部。不過，雖然只是短短的塑膠製針灸針，不小心刺太大力還是會痛。如果這支筆早在昭和時代就問世，一定會爭先被小朋友當作「殺手」的遊戲道具。

哈姆忍者屋

〔HAMUTARO 捉迷藏屋　かくれんぼうぐハウス〕

漫畫《哈姆太郎》在二十世紀末曾經紅透半邊天。這棟以哈姆太郎的家為範本的房子，裡面藏了各式各樣的文具。花圃的花，每一朵其實都是一支筆。專門用來運動的滾輪是膠帶台、玄關是削鉛筆機、窗戶是剪刀；說得誇張點，整間房子蓋得好像給忍者住的，處處都設下機關。照理說，這類文具組合的賣點，是能夠幫你把常用的用品收納得井井有條，但是文具被「藏」得這麼好，等到想用的時候拿出來，反而讓人捨不得破壞原有的秩序。喜歡藏東西，果然是齧齒類動物的習性呢！

曲折的麵條

〔壓麵筆 play-doh pen〕

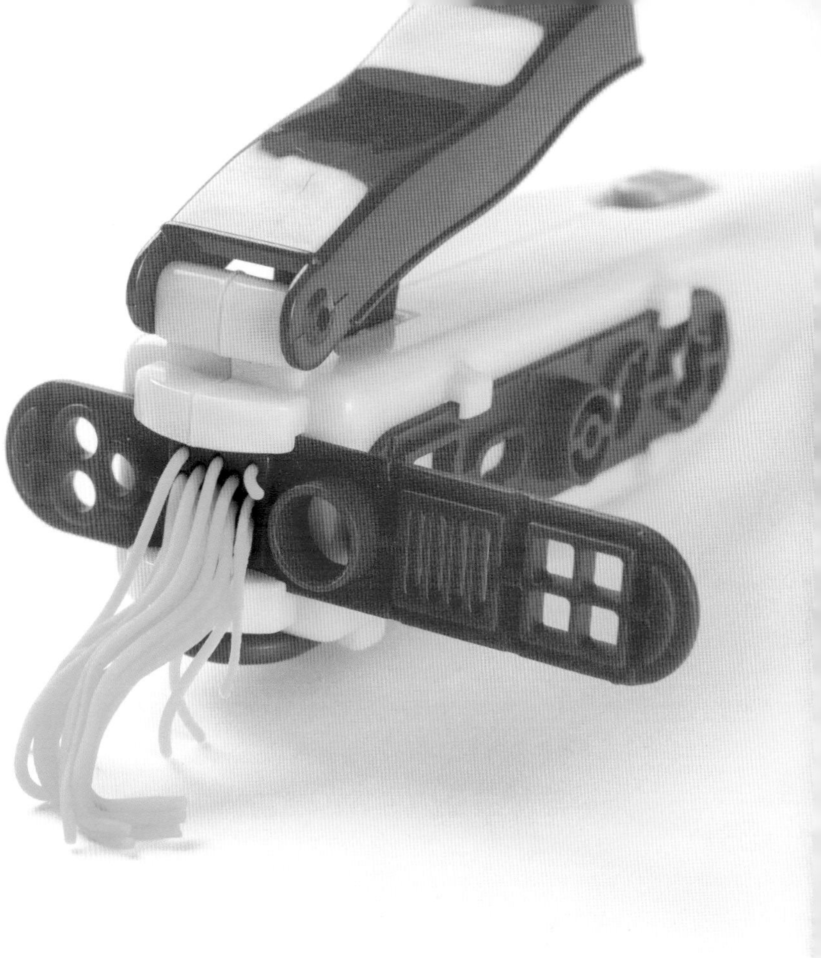

在數獨筆（P113）這篇已經提過，不曉得為什麼美國人很喜歡把熱門的電玩或玩具做成筆。專做這些筆類產品的廠商不只一家，由此可見的確有市場。想當然，大家熟悉的「從洞裡壓出黏土的玩具」也不能免俗。把黏土塞進筆身，輕輕一壓，尾端就會出現細細長長的黏土，像麵條一樣。為什麼大家看到這副景象都不覺得奇怪呢？只能說美國人的喜好，還真是令人難以捉摸。

你會永遠愛我嗎？

〔Disney kiss me 原子筆　kiss me ペン〕

停止銷售

這是一款大打浪漫牌的原子筆。米奇和米妮各自內建磁鐵，兩人一靠近，就會受磁力緊緊吸引，情不自禁的閉上眼接吻。重點在這是兩支一套的組合，要是少一支，原本相愛的兩人，也只能勞燕分飛。所以，千萬別以為不過是弄丟一支筆，沒有什麼大不了，因為造成的傷害可是難以估計，說是罪孽深重也不為過。為了呵護米老鼠的愛情，主人必須擔起保鑣的責任。最保險的作法就是，在他們壽終正寢（墨水用完）之前，請把他倆一起放進筆筒，讓他們終身廝守永不分離。

結語

我小時候在關西唸小學，當時每個人在班上的「地位」，既非由學業成績好壞，也不是靠運動神經，而是看「好笑的程度」來一較高低。所以，那種課業或體育成績都不出色，也不是一開口，就能逗得大家發笑的小朋友，如果想在班上謀得一席之地，便只能絞盡腦汁，另謀出路（從功課以外的地方下手）。

既然自己不好笑，那麼帶點有趣的東西就好辦了。但是，要帶去的地方是學校。就算找到再好玩的玩具和漫畫都是枉然，因為兩樣都是違禁品。

於是，小朋友只好另謀其他選擇。換個角度思考，有哪些東西帶到學校是不會被禁止的咧？靈機一動「文具保證過關！那就找一些有趣的文具帶去學校吧。」

小朋友一直抱著這種想法逐漸長大，最後出了整本都以「廢文具」為主題的書，也就是本書《無賴派文具》。

文具是實用品。除了便利我們的生活，在學校也能化身為搭起友誼的橋樑，或者在工作精疲力竭時，發揮療癒心靈的效果。若從這個角度來看，即使是廢文具，也算得上是實用品。

在此建議大家，覺得累的時候，別勉強自己繼續工作，不妨和無賴的文具們一起消磨時間吧。

國家圖書館出版品預行編目資料

無賴派文具：讓你玩物喪志、永保青春 / 木建卓著；藍嘉楹翻譯. -- 初版. -- 新北市：智富, 2015.06
面； 公分. -- (風貌；A17)
ISBN 978-986-6151-83-5(平裝)

1.文具

479.9 104005885

風貌17

無賴派文具：讓你玩物喪志、永保青春

作　　者 / 木建卓
譯　　者 / 藍嘉楹
主　　編 / 陳文君
責任編輯 / 李芸
出 版 者 / 智富出版有限公司
負 責 人 / 簡玉珊
地　　址 / (231)新北市新店區民生路19號5樓
電　　話 / (02)2218-3277
傳　　真 / (02)2218-3239（訂書專線）、(02)2218-7539
劃撥帳號 / 19816716
戶　　名 / 智富出版有限公司
單次郵購總金額未滿500元（含），請加50元掛號費
世茂網站 / www.coolbooks.com.tw
排版製版 / 辰皓國際出版製作有限公司
印　　刷 / 祥新印刷股份有限公司
初版一刷 / 2015年6月

ＩＳＢＮ / 978-986-6151-83-5
定　　價 / 280元

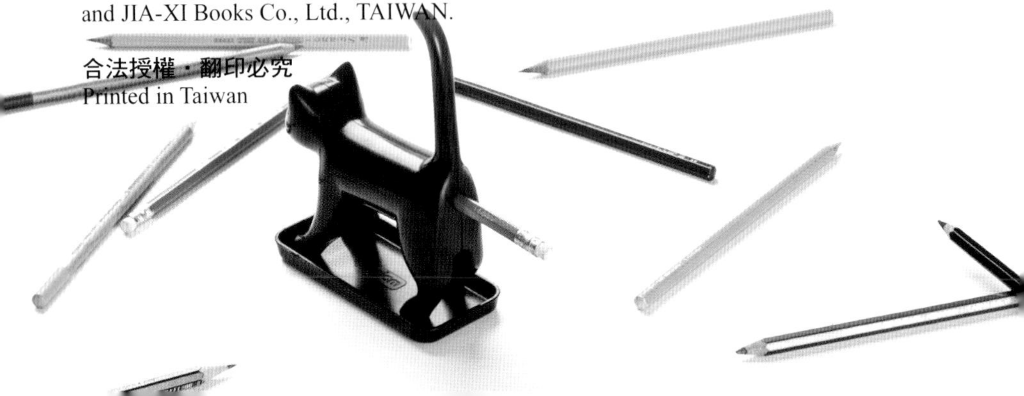